绳索取心钻探技术

李国民　肖　剑　王贵和　编著

北　京
冶　金　工　业　出　版　社
2013

内 容 简 介

　　本书阐述了绳索取心钻探技术的优越性，总结归纳了国内外绳索取心技术的发展现状；根据不同的使用条件，详细介绍了绳索取心技术的应用方法、注意事项、操作规范等；对使用绳索取心钻探技术应用中可能出现的问题，进行了分析总结，给出了处理方法；对不同地层条件应用绳索取心钻探技术所采用的泥浆工艺原理、护壁堵漏措施进行了阐述，并给出了绳索取心钻探的泥浆配方等。

　　本书可供地学类大专院校教师、学生使用，也可供在地质、煤炭、冶金、建材、矿山地质等行业及相关科研单位中从事钻探工作的技术人员参考使用。

图书在版编目(CIP)数据

绳索取心钻探技术／李国民，肖剑，王贵和编著 . —北京：
冶金工业出版社，2013.9
　　ISBN 978-7-5024-6162-1

　　Ⅰ.①绳…　Ⅱ.①李…　②肖…　③王…　Ⅲ.①绳索取心—
取心钻进　Ⅳ.①P634.5

中国版本图书馆 CIP 数据核字(2013)第 225828 号

出 版 人　谭学余
地　　　址　北京北河沿大街嵩祝院北巷 39 号，邮编 100009
电　　　话　(010)64027926　电子信箱　yjcbs@cnmip.com.cn
责任编辑　徐银河　美术编辑 李　新　彭子赫　版式设计 葛新霞
责任校对　卿文春　责任印制　李玉山
ISBN 978-7-5024-6162-1
冶金工业出版社出版发行；各地新华书店经销；北京慧美印刷有限公司印刷
2013 年 9 月第 1 版，2013 年 9 月第 1 次印刷
169mm×239mm；12.5 印张；2 彩页；235 千字；188 页
39.00 元
冶金工业出版社投稿电话：(010)64027932　投稿信箱：tougao@cnmip.com.cn
冶金工业出版社发行部　电话：(010)64044283　传真：(010)64027893
冶金书店　地址：北京东四西大街 46 号(100010)　电话：(010)65289081(兼传真)
　　　　　　(本书如有印装质量问题，本社发行部负责退换)

前　言

目前，国内全面、系统地介绍和讲解绳索取心钻探技术的书籍匮乏。20世纪80年代，张春波老师编写过一本《金刚石绳索取心钻探技术》，距今已经过去近30年了。经历近30年的发展，如今绳索取心钻探技术得到了长足的发展，应用面更宽，适应钻孔更深，适用孔径更大。特别是取得了一些新的技术性突破，值得推广应用。但考虑教材的系统性保留了原《金刚石绳索取心钻探技术》部分内容。

绳索取心钻进技术是不提钻取心技术，其最大特点是辅助时间短、纯钻时间长、工人劳动强度低、钻探质量好、技术经济效果显著，是目前优先推广使用的钻探技术。它的推广及实际应用的好坏直接关系到钻探生产的经济效益和社会效益。

本书全面系统地阐述了绳索取心钻探技术的特点、钻进工艺原理、应用领域及适用条件；分析并总结了国内外绳索取心钻探技术的发展现状，典型钻具的结构特点；特别介绍了近年来绳索取心钻进技术的拓展应用及相应组合钻具的结构原理，如二合一钻具、三合一钻具、绳索侧壁补心钻具、投球压卡式绳索取心钻具、煤层气用绳索取心钻具、可燃冰用绳索取心钻具、物探爆破孔绳索取心钻具、水平孔用绳索取心钻具等；分析了绳索取心钻进过程中可能出现的各种工况、孔内事故、机械故障等，分析了原因并给出了解决对策；同时，对绳索取心钻具的维护保养、附属设备与工具配备、钻具组合、使用注意事项、操作规范等进行了详细地介绍和说明。

　　此外，绳索取心钻探技术对泥浆应用具有特殊要求。该书针对绳索取心钻进对泥浆的要求，介绍了绳索取心常用泥浆类型、常用泥浆处理剂，并介绍了不同地层参考应用的泥浆配方、泥浆净化处理等相关内容，具有较强的理论指导作用。

　　为了使广大钻探工作者了解绳索取心钻探技术的最新成果，加快该技术的普及推广与技术进步，使绳索取心钻探技术的最新成果转化为生产力，促进绳索取心技术向更高的水平发展，编著了此书。本书由中国地质大学（北京）国土资源部深部地质钻探技术重点实验室李国民老师主编，中国冶金科工集团有限公司肖剑博士、中国地质大学（北京）王贵和老师参编。由于作者水平所限，书中难免有不足之处，敬请广大专家和读者指正。

　　在此感谢对本书编写工作给予支持与指导的徐能雄、王杰、梁勇、李龙江等同仁。

中国地质大学(北京)　地 质 资 源 勘 查 实 验 教 学 中 心　　李国民
　　　　　　　　　　国土资源部深部地质钻探技术重点实验室
2013 年 6 月

目　　录

1 绪 论

岩心钻探过程中，升降钻具是最花费时间的一项辅助工序。据统计，一般纯钻进时间和升降钻具时间各占 30% ~40% 左右。钻孔越深，升降钻具所占的时间比例越大，劳动强度越大。因此，要增加纯钻进时间，提高钻进效率，最有效的途径是减少升降钻具的时间。

1.1 绳索取心的实质

绳索取心法是不提钻取心方法之一，即在钻进过程中，当内岩心管装满岩心或岩心堵塞时，不需要把孔内全部钻杆柱提升到地表，而是借助专用的打捞工具，用钢丝绳把内岩心管从钻杆柱内捞取上来。用绳索取心法时，只有当钻头被磨损需要检查或更换时，才提升全部钻杆柱，从而显著地减少了升降钻具的次数和辅助时间。

我国使用绳索取心钻进法已经取得较好的效果。例如：平均台月效率已接近500m，最高台月效率达 1196m，平均纯钻进时间超过 50%，最高已达 63%；平均提钻间隔超过 22m，最大提钻间隔为 394.43m；最大钻孔深度是由无锡钻探工具厂生产的 CNHT 型钻杆创造的 3299m，刷新了日本人保持的 3000m 深的亚洲纪录。绳索取心钻进的世界最深纪录是 1988 年由南非创造的 5424m。

绳索取心钻进的各项主要经济技术指标均高于普通双管钻进。绳索取心钻进已成为我国主要的钻探技术之一。

1.2 绳索取心钻进的优点

绳索取心钻进的优点很多，主要有以下几个方面：

（1）提高钻进效率。由于减少了升降钻具的辅助时间，因而提高了台月效率。一般可提高 25% ~100% 左右，相对地增加了纯钻进时间。

（2）提高岩矿心采取率。绳索取心比提钻取心简便得多，钻进过程中能够做到遇堵即提，有利于提高岩矿心采取率和质量。

（3）延长钻头寿命。由于提钻次数减少，对金刚石钻头损坏的机会也相应减少。加之绳索取心钻杆与孔壁的间隙很小，钻头工作稳定，因而相对地提高了钻头寿命。

（4）有利于孔内安全和钻穿复杂地层。由于钻杆柱与孔壁间隙小，岩粉上升迅速，保证了孔底清洁；提钻次数少，减少了孔壁裸露的机会；钻杆柱还可起到套管的作用，因此具备快速穿过复杂岩层的条件。但由于钻杆与孔壁间隙小，冲洗液量稍大，流速即大增，故容易冲毁孔壁；每当提钻，抽吸力很大，也易破坏孔壁，这是必须注意控制的。

（5）减轻了劳动强度。这是由于大大减少提钻次数的缘故。

（6）由于绳索取心钻进具有上述一系列优点，因此可大大降低钻进成本。

1.3　绳索取心钻进存在的缺点和问题

绳索取心钻进存在的缺点和问题主要包括以下几个方面：

（1）要求钻杆的材质要好、加工精度要高，钻杆的成本贵。

（2）钻杆柱与孔壁的间隙小，增加了钻杆柱的磨损，也使冲洗液循环阻力增大。

（3）绳索取心钻头壁较厚，钻进坚硬岩石时，效率低。

（4）为了增加钻杆内部空间，钻杆壁相对普通钻杆薄些，使用不当易发生钻杆断裂事故。

（5）另外，回转钻杆柱阻力大，因此其动力消耗大，在深孔中影响开高转速等。

1.4　绳索取心钻进的应用范围

经过近年来的发展，绳索取心钻具派生出多种形式的钻具，使绳索取心钻进的应用更为广泛，主要包括以下几个方面：

（1）钻孔深度上，受到钻杆强度的限制，目前，绳索取心钻进的钻孔深度大多还局限在 3000m 左右。但据最新报道，2012 年 5 月 22 日，山东三山岛科学钻探施工中，使用无锡 CNHT 钻杆，施工深度已达到 3299m，创造了亚洲小口径绳索取心施工的纪录。

（2）开孔角度上，绳索取心钻进的钻孔角度可以从 0°～360°，即可钻进任意方向的钻孔。

（3）在地层上，用绳索取心法可以钻进各种地层，既可采用清水，也可采用优质泥浆作为冲洗液。对于回次进尺不长的岩矿层、取心困难的岩矿层、矿心易受污染或溶蚀的矿层、易坍塌掉块地层，采用绳索取心钻进更为有利。

（4）在用途上，绳索取心可用于钻探金属、非金属、煤层气、可燃冰等矿产资源勘探，也能用于水文地质和工程地质勘查取样、物探爆破孔等施工中。

（5）在钻进方法上，可用于硬质合金钻进、金刚石钻进、PDC 取心钻进、冲击回转钻进、牙轮取心钻进等。

1.5 实现绳索取心钻进的条件

实现绳索取心钻进的物质条件包括要有结构完善、性能可靠的绳索取心钻具；要有与所钻岩层相适应的较长寿命的绳索取心钻头；要有高强度（特别是连接强度）和螺纹密封性能合格的绳索取心钻杆；要有能满足绳索取心钻进要求的配套钻探机械设备，包括钻机、泥浆泵、绳索取心绞车、井口夹持器、提引器、拧卸和打捞工具等。

实现绳索取心钻进的另一重要条件是要有经过培训的钻探技术人员。国土资源部、中国煤炭地质总局、有色金属总公司及下属地质局、有关院校等已多次举办了专门培训班，培养了相当数量训练有素的现场机长、班长和技术人员，为推广应用绳索取心钻探技术注入了生机与活力。

1.6 绳索取心钻进技术的发展

绳索取心早期用于石油钻井，1947 年发明了用于岩心钻探的绳索取心钻具，1950 年获得成功，这是岩心钻探史上一项重大的技术改进。随着金刚石岩心钻探事业的飞速发展，绳索取心钻进的工作量日益增加，应用范围不断扩大。现在世界上工业发达国家，岩心钻探绝大部分采用了绳索取心金刚石钻进。我国于 1973 年开始研究绳索取心钻进技术，虽然起步较晚，但发展还是很迅速的。到目前为止，已研制成功了 $\phi46mm$、$\phi59mm$、$\phi76mm$、$\phi95mm$、$\phi120mm$ 等口径的绳索取心钻具及其附属工具设备，并在全国推广使用。经过近 40 年的努力，绳索取心钻进目前已经得到长足的发展，广泛用于地质、冶金、煤炭、煤层气及一些特种工程取样中。在提高钻探取心质量、提高钻探速度、改善工人体力劳动，以及深孔钻探取心等方面，都取得了可喜的成绩。但是与国外先进水平相比，还存在不小差距。相信通过有关科研、制造、使用单位的密切合作，通过广大钻探工作者的不断实践，绳索取心钻进技术定能在我国地质勘探工作中得到更有成效地推广应用与发展，为资源开发发挥重要作用。

当前，绳索取心技术在世界各国仍在不断向前发展，如致力于研究更有成效的绳索取心钻具系列、突破坚硬致密的"打滑"岩层、更高强度的钻杆、更长寿命的高胎体金刚石钻头、更符合现场钻进需要的机械设备和附属工具、钻进规范的科学控制等，以便进一步扩大绳索取心的应用领域（特别是深的地质勘探孔、油气普查孔、复杂地层取心）等。

1.7 绳索取心钻进技术的经济效果

绳索取心钻进技术具有纯钻进时间长、工人劳动强度低、钻探质量好等优点，在实际工作中取得了非常显著的技术经济效果。

1.7.1　地质效果好

绳索取心钻进除了具有普通单动双管钻进的优点外，还具有岩心堵塞报信机构，一旦发生岩心堵塞，可以立即打捞，不仅提升速度快而且平稳，从而减少了岩心磨蚀和提升途中脱落的机会。对于难采心地层，可以采用具有三层管的绳索取心钻具，捞取岩心时钻具提离孔底很小距离，通过钻机立轴在机上捞取岩心。所以，绳索取心比普通钻进方法岩矿心采取率高，完整度和纯洁性好，改善了岩矿心品质，减少了人为贫化或富集现象，提高了岩矿心的代表性。例如，湖北某探矿队在黄土嘴矿区施工，遇岩石破碎的地层，岩心十分容易冲蚀、磨损，采用普通双管钻具，多年岩心采取率仅达到 60% 左右，满足不了地质要求。1980 年换用绳索取心钻进，平均岩心采取率达到 82%，矿心采取率 100%。

绳索取心钻进的岩矿心采取率一般都能保持在 90% 以上，比采用普通单动双管和大口径钻进的采取率都高。此外，由于绳索取心打捞速度快，在煤层气勘探和可燃冰勘探中，可以快速将岩心提出地表进行封装或测试。

另外，绳索取心钻进具有钻杆柱外平、孔壁间隙小的特点，钻具在孔内工作稳定性好，有利于防止钻孔弯曲，所以绳索取心钻孔弯曲强度一般比普通双管要好一些。例如，山东地质局第九地质队采用绳索取心钻进 2351.97m 深的钻孔，终孔顶角仅为 3°40′。内蒙古地质队——三探矿工程队在同一矿区绳索取心钻进的钻孔顶角每百米平均 26′，而普通双管顶角每百米平均 1°41′，绳索取心钻进的钻孔，明显比普通双管钻进的钻孔质量要好。

由于采取率高、完整度好、代表性强，取心打捞速度快，从而有利于样品保真、有利于岩层描述和地层对比，提高了地质资料的可靠程度。

但是由于绳索取心钻杆壁薄、刚性差，而且钻头唇面壁厚，钻进时轴向压力大，在易斜地层采用绳索取心钻进，钻孔弯曲不会有很大改善，因此，绳索取心用于钻进易斜地层时，也必须注意采取防斜措施。

1.7.2　钻进效率高

由于绳索取心钻进采取岩心时，不需要提取孔内钻杆柱，因而大幅度减少了升降钻具的次数和时间，随着钻孔深度的增加，绳索取心比普通取心所消耗的时间将成倍减少。例如，山东第九地质队在 2351m 孔深处经实测采用绳索取心捞取岩心时间仅需 45 ~ 60min，而提升钻具则需 5 ~ 6h。由于减少了升降钻具的辅助时间，必将增加纯钻时间，从而提高钻进效率。统计发现绳索取心纯钻进时间利用率在 40% 以上，比普通双管提高 10% 左右；台月效率一般比普通双管提高 40% 左右。而且，随着钻头寿命的延长，钻孔深度越加深，所取得的经济技术效果越显著。

1.7.3 延长了金刚石钻头使用寿命

绳索取心钻进具有较好的稳定性，为金刚石钻头在孔底创造了较好的工作环境，不仅有利于提高钻头的机械钻速，而且可减少因钻具震动而造成的对金刚石钻头的损坏。同时，采取岩心时，钻头不必从钻孔中提出，而只是提离孔底很小的距离，这样可有效地排除孔壁坍塌掉块情况的发生，减少了钻头因扫孔而磨损，也减少了升降过程中钻头与孔壁的冲击碰撞机会，从而延长了钻头的使用寿命。数据统计，绳索取心钻头寿命比普通双管钻头寿命一般提高一倍以上，从而减少了金刚石消耗。

1.7.4 劳动强度低

升降钻具是岩心钻探中劳动强度最大的工序，减少升降钻具次数，将会大大减轻钻工的劳动强度。绳索取心钻进的升降钻次数主要取决于钻头寿命，钻头寿命越长，提下钻次数越少，即提钻间隔越大，在正常情况下，可以实现一个钻头提钻一次。例如，山东地质局第九地质队使用日本利根公司多阶梯的表镶金刚石钻头，23天不提钻，提钻间隔达394.43m。据统计，钻进同样深度的钻孔，绳索取心的提钻次数一般分别为大口径和普通双管的1/10和1/6。近年来，具有长寿命的高胎体金刚石钻头相继研制成功，提钻次数将会更少。提钻次数的多少，还与钻进岩层的软硬、复杂程度，以及所用钻头类型、质量有关。

1.7.5 减少了孔内事故发生

由于绳索取心钻杆外平，与孔壁间隙小，钻杆柱旋转时与孔壁接触面积大，减弱了对孔壁的敲击程度；同时，升降钻具次数少，不仅减少了钻杆和钻具对孔壁的撞击和孔内冲洗液压力波动对孔壁的破坏，而且钻杆柱在孔内连续工作时间较长，从而减少了因坍塌掉块而造成的卡、埋钻等事故。另外，绳索取心上一级钻杆可作下一级钻具的套管，如直径71mm钻杆可做直径56mm或直径60mm钻具的套管，这样有利于钻穿复杂地层。某单位曾承担一项国防工程要求从几十米厚的破碎地层底板取出岩心，不但取心难度大，而且要求取心速度快，使用普通取心方法则难以实现，而采用绳索取心技术配合速凝水泥护孔，成功地穿过了破碎层取出了岩样，顺利地完成了该项工程任务。武警黄金部队某支队，在某金矿复杂地层勘探中，采用上一级钻杆做套管，顺利完成了930m深的钻孔。

1.7.6 设备、管材消耗低

由于绳索取心升降钻具次数的大大减少，使与升降钻具有关的管材和机械设备（包括钻杆、钻机、提引器、滑轮、拧卸工具、钢丝绳等）的损耗量大为降低。对钻杆而言，普通钻进方法因提钻而频繁拧卸钻杆接头，加速了钻杆接头螺纹的磨损，降低了钻杆接头螺纹连接强度和密封性能，而绳索取心拧卸钻杆接头次数大大减少，降低管材磨损、消耗，延长了钻杆使用寿命。

1.7.7　降低了成本

由于绳索取心钻进地质效果好、钻进效率高、钻头寿命长、事故少、管材和机械设备消耗低等因素，使钻进成本大大降低。绳索取心与普通取心进行综合技术经济效果对比，国内平均大致降低 30% 左右。另外，据有关资料报道，澳大利亚使用绳索取心钻进方法钻探成本降低了 50%，美国降低了 30% ~ 40%。前苏联曾对不同钻进方法作了比较，一般比普通双管钻进降低 25% 左右。

由于绳索取心钻进技术工程质量高、时间利用率高、钻进效率高、钻头寿命高；停钻事故低、劳动强度低、设备材料消耗低，因此，具有较好的经济效益和社会效益。

2 绳索取心钻具的基本结构及工作原理

2.1 绳索取心钻具的技术要求

绳索取心钻具是由特殊的单动双管（含内管总成和外管总成）和打捞器两大部分组成的。它除了具备与普通单动双管钻具相同的作用外，还要求容纳岩心的内管总成能够在钻杆柱内升降。因此，一套完整的绳索取心钻具必须具备以下各主要技术性能。

（1）内管总成能在钻杆柱内下至外管总成内的预定位置而后固定，并能防止钻进过程中内管总成向上串动、形成"单管"钻进而捞不上岩心。

（2）内管总成能悬挂在外管总成内的座环上，使卡簧座端部离钻头内台阶有一定的间隙（3~4mm 左右），保证钻具良好的单动性能和底部的通水性。

（3）内管总成到达外管总成中的预定位置时，应能及时给地面一个信号，以便准确地掌握开始扫孔、钻进的时间。

（4）钻进过程中，一旦发生岩矿心堵塞，能及时向地表发出信号，使操作者停止钻进并捞取岩心，以减少岩矿心的磨蚀。

（5）内管的长度能够调节，使卡簧座与钻头内台阶始终保持最优间隙。

（6）卡取岩心时，内管总成的单动部分能够下移一定距离，以便使卡簧座坐在钻头内台阶上，使拔断岩心的力通过钻头传递到外管，从而保护薄壁内管不致受到损坏。

（7）外管必须能对内管扶正，保证同轴度，以使岩心顺利地进入卡簧座和内管，避免岩心堵塞和磨损。

（8）在钻杆柱内，打捞器能以一定的速度下到内管总成上端，并把装有岩心的内管捞取上来。

（9）当打捞器抓住内管提拉不动或提升过程中遇阻时，能够安全解脱内管，以免损坏钢丝绳。

（10）内管总成及悬挂装置与钻杆和外管之间，应能保证有足够的过水断面，以减少钻进过程中的泵压损失和打捞内管时的抽吸作用。

（11）钻进严重漏失地层或干孔时，打捞器能把内管安全地送到预定位置，然后解脱内管。

2.2　绳索取心钻具的基本结构

为了保证绳索取心技术的顺利实施，绳索取心钻具必须要满足并实现第 2.1 节提出的具体技术要求。为此，绳索取心钻具对应设计了 11 个关键机构，下面结合国产 S75 绳索取心钻具，具体说明各机构及其工作原理。图 2-1 所示为 S75 绳索取心钻具结构原理图。

整套绳索取心钻具分为单动双层岩心管和打捞器两大部分。单动双层岩心管部分由外管总成和内管总成组成。外管总成包括弹卡挡头（1）、弹卡室（7）、稳定接头（23）（上扩孔器）、外管（46）、下扩孔器和钻头（52）组成；内管总成由捞矛头（2）、弹卡定位（6）（7）、悬挂环（21）、到位报信、岩心堵塞报警、单动、内管保护、调节、内管（47）、扶正环（48）、岩心卡取等机构组成。

各机构及工作原理如下：

（1）铰链式矛头机构。铰链式矛头机构由捞矛头、定位卡块、捞矛座等组成。由于捞矛头可在其转动平面内转动 180°，因此，在提捞内管总成到地表面后，打捞器与内管总成可在 0° ~ ±90°内转动和变换位置。这样，在倒取岩矿心时，内管总成不必放倒而可直接用打捞器吊着，使内管总成倾斜即可将岩（矿）心倒出。

（2）弹卡定位机构。弹卡定位机构由弹卡挡头、弹卡、张簧、弹卡室等零件组成。当内管总成在钻杆柱内下降时，弹簧（5）使弹卡（6）向外张开一定角度，并沿钻杆内壁向下滑动。当内管总成到达外管总成中的弹卡室（7）部位，弹卡板在弹簧的作用下继续向外张开，使两翼贴附在弹卡室的内壁上。由于弹卡室内径较大，而其上端的弹卡挡头内径较小，所以在钻进过程中可防止内管总成上串，达到定位作用。另外，弹卡沿钻杆壁向下滑动时，张开一定角度，具有向内下放的倾斜面，如遇阻碍，钻具质量和向下运动的惯性使弹卡向内压缩弹簧，从而使钻具顺利通过。

（3）悬挂机构。悬挂机构由内管总成中的悬挂环（21）和外管总成中的座环（22）组成。悬挂环的外径稍大于座环的内径（一般相差 0.5 ~ 1.0mm）。当内管总成下降到外管总成的弹卡室位置时，悬挂环（21）坐落在座环上，使内管总成下端的卡簧座（51）与钻头（52）内台阶保持 3 ~ 4mm 的间隙，以防止损坏卡簧座和钻头，并保证内管的单动性能和通水性能。

（4）到位报信机构。到位报信机构由复位簧（12）、阀体（13）、定位簧（14）、弹簧（19）、调节螺堵（20）、阀堵（39）、垫圈（37）等零件组成，其工作原理如图 2-2 所示。

当内管总成在钻杆柱内由冲洗液向下压送时，阀体的粗径台阶位于复位簧

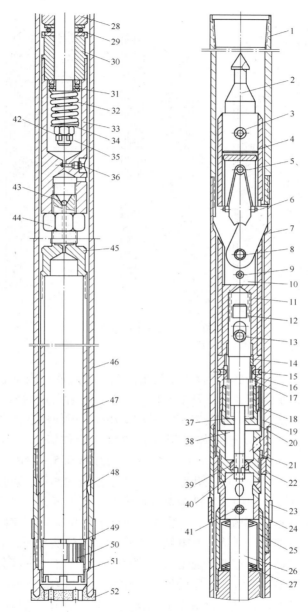

图 2-1　S75 绳索取心钻具结构原理

1—弹卡挡头;2—捞矛头;3,41—弹簧销;4—回收管;5,19,32—弹簧;6—弹卡;7—弹卡室;8,9—弹卡销;
10—弹卡座;11—弹卡架;12—复位簧;13—阀体;14—定位簧;15—螺钉;16—定位套;17,34,37—垫圈;
18—固紧环;20—调节螺堵;21—悬挂环;22—座环;23—扩孔器;24—接头;25—滑套;26—轴;
27—蝶簧;28—调节螺栓;29,31—轴承;30—轴承座;33—弹簧座;35,40—螺母;36—油杯;
38—悬挂接头;39—阀堵;42—开口销;43—钢球;44—调节螺母;45—调节接头;46—外管;
47—内管;48—扶正环;49—挡圈;50—卡簧;51—卡簧座;52—钻头

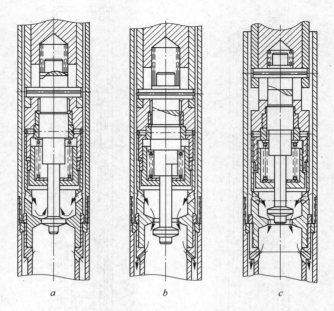

图 2-2 到位报信机构
a—内管总成下降状态；b—钻进状态；c—打捞状态

（12）内，弹簧处于正常状态，阀堵在关闭位置，冲洗液在内管总成和钻杆柱的环状间隙流通；如果内管到达外管中的预定位置，内管总成的悬挂环坐落在外管中的座环上，把冲洗液通道完全堵塞（见图 2-2a），迫使冲洗液改变流向，压缩弹簧，向下推动阀堵，直至阀体的粗径台阶移出定位簧，使阀堵打开（见图 2-2b）。与此同时，泵压表的压力明显升高（约升高 0.5 ~ 1MPa），表明内管总成已到达预定位置，可以开始扫孔钻进。由于定位簧的作用，可以防止阀堵自动关闭。所以，在钻进过程中，冲洗液流经此处几乎不消耗泵压。捞取岩心时，打捞器通过捞矛头（2）、回收管（4）和弹性销向上提拉阀体，使阀体的粗径台阶克服定位簧的弹力进入定位簧，并继续向上运动，复位簧受压，直至阀堵超过关闭位置，给冲洗液打开一条下泄通道（见图 2-2c）。这样，一部分冲洗液即可以由此下泄，从而减小冲洗液对孔壁的抽吸作用和打捞阻力。

内管总成打捞到地表以后，由于复位簧（12）的作用，随着回收管的复位，则阀堵自动回到关闭位置（见图 2-2a）。

根据钻孔深度的不同，通过调节螺堵（20）和垫圈（37），可以改变弹簧的预紧力，以调节泵压的变化范围。

（5）岩心堵塞报警机构。岩心堵塞报警机构由滑套（25）、轴（26）、蝶簧（27）等零件组成。钻进过程中，当发生岩（矿）心堵塞或岩（矿）心装满内管时，岩心对内管产生的顶推力压缩蝶簧，使滑套向上移动到悬挂接头（38）的台阶处，将通水孔堵塞，从而造成泵压升高，告诫操作者应停止钻进、捞取岩心。根据钻进地层软硬程度的不同，可以改变蝶簧（27）的排列形式并调节蝶簧的弹力，使其既不影响正常钻进，又能在岩（矿）心堵塞时准确报信。

（6）单动机构。单动机构由两副推力轴承（29）（31）实现钻具的单动，即使内管在钻进时不作旋转。

（7）内管保护机构。内管保护机构由滑动接头、键、弹簧等组成，又称缓冲机构。采取岩心时，拔断岩心的力使滑动接头压缩弹簧（32）向下移动，内管及卡簧座随之下移至钻头内台阶上，从而拔断岩心的力由钻头传递到外管，以保护内管不受损坏。

（8）调节机构。调节机构由调节螺母（44）、调节接头（45）、调节心轴等组成。内外管组装在一起时，如果卡簧座与钻头内台阶之间的间隙不合适，则可以通过调节心轴和接头的相互移动进行调节（调节范围0～30mm），满足要求后，用调节螺母锁紧，以防松动。

（9）扶正机构。外管总成下部的扶正环（48），用于内管的导向，使内、外管保持同轴，便于岩（矿）心进入卡簧座（51）和内管（47）。

（10）打捞机构。S75绳索取心打捞机构如图2-3所示，由打捞钩（1）、打捞钩架（3）、重锤（7）和钢丝绳接头组成。取心时，钢丝绳悬吊打捞器放入钻杆柱内，打捞钩靠重锤以1.5～2.0 m/s的速度快速下降，由于捞钩架为圆筒状，故导向性好，当它到达内管总成上端时，能准确钩住捞矛头，把内管总成提升上来。

（11）安全脱卡机构。安全脱卡机

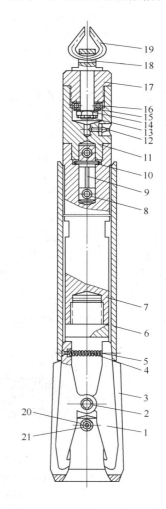

图 2-3　S75绳索取心打捞机构

1—打捞钩；2，8—弹簧挡；3—捞钩架；
4—弹簧；5—铆钉；6—脱卡管；7—重锤；
9—安全销；10，20—定位销；11—接头；
12—油杯；13—开口销；14—螺母；15—垫圈；
16—轴承；17—压盖；18—连杆；
19—套环；21—定位销套

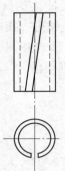

图 2-4 安全
脱卡套管

构采用一根长为 1m、内径比重锤稍大的套管进行安全脱卡。套管壁上（见图 2-4）开有一斜口，当需要安全脱卡时，将此套管从斜口处套入钢丝绳上，然后下放，套管靠自重下降；及至打捞器穿过钢丝绳接头和重锤，撞击和罩住打捞钩尾部，迫使其尾部向内收缩，端部张开，从而使打捞器与内管总成脱离。

（12）干孔送入机构。在钻进严重漏失地层或干孔时，为避免投放内管总成因下降速度过快而撞坏内管总成和钻头，必须用打捞器把内管总成送到预定位置，然后使打捞器解脱内管总成而提升上来。为使内管总成更安全可靠地送入预定位置，也可采用专用的干孔送入机构。该机构的应用可以省略投放安全脱卡管的过程，节约时间。干孔送入机构如图 2-5 所示，它由弹簧（3）、释放钩（7）、弹簧（8）、外架（10）等组成。在正常状态时，释放钩受弹簧（8）的作用位于外架的长方形槽中被顶住。当送入内管总成时，将内管捞矛头挂在释放钩上，并用打捞器的打捞钩抓住送入机构的捞矛头，这时即可向孔内送入。当内管到达预定位置时，在打捞器自重作用下，将回收管压入正常位置，弹卡张开，同时由于打捞器质量继续使内管总成受压，释放钩的凸出部位迫使内管捞矛头上顶释放钩，弹簧（3）受压，一旦释放钩上行到外架的长方形槽时，弹簧（8）将释放钩撑开，提起打捞器和送入机构，内管总成安全释放到预定位置，然后便可开始钻进。

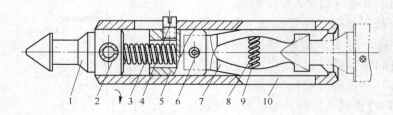

图 2-5 干孔送入机构

1—捞矛头；2，6—弹簧销；3，8—弹簧；4—限位销；5—释放钩座；
7—释放钩；9—轴销；10—外架

3 国内绳索取心钻具

经过近 40 年的发展，国内绳索取心钻具已发展了多个品种，其中代表系列有 S 系列、JS 系列、YS 系列，并且在此基础上，研发出了多种衍生绳索取心钻具。

3.1 三大系列绳索取心钻具

3.1.1 S 系列绳索取心钻具

S 系列绳索取心钻具主要是原地质矿产部系统研制的绳索取心系列，虽然因各个生产的厂家不同，而使钻具的部分结构不尽相同，但钻具的基本原理是一致的。

无锡钻探工具厂生产的绳索取心钻具，其基本机构原理前面已介绍，目前已经发展了三大系列，16 种规格产品，其具体规格参数见表 3-1。

表 3-1 无锡钻探工具厂绳索取心钻具规格参数

系列	规格	钻头		扩孔器外径	外管		内管		配套钻杆规格
		外径	内径		外径	内径	外径	内径	
普通系列钻具	SC56	56	35	56.5	54	45	41	37	S56
	S59	59.5	36	60	58	49	43	38	S59
	S75/S75B	75	49	75.5	73	63	56	51	S75/S75A
	S91	91	62	91.5	88	77	71	65	S91
	S95/S95B	95	64	95.5	89	79	73	67	S95/S95A
C 系列钻具	BC	59.5	36.5	60	57.2	46	42.9	38.1	BC
	NC	74.6	47.6	75.8	73	60.3	55.6	50	NC
	HC	95.6	63.5	96	92.1	77.8	73	66.7	HC
	PC	122	85	122.6	117.5	103.2	95.3	88.9	PC
深孔复杂地层钻具	S75B – 2	75	47	75.5	73	63	54	49	S75A/CNH
	S95B – 2	95	62	95.5	89	79	71	65	S95A/CHH
	S75 – SF	75	49	75.5	73	63	56	51	S75A/CNH
	S95 – SF	95	62	95.5	89	79	73	67	S95A/CHH
	S150 – SF	150	93	150.5	139.7	125	106	98	S127

3.1.2　JS 系列绳索取心钻具

（1）XJS 系列绳索取心钻具。该系列绳索取心钻具是由唐山金石超硬材料厂生产的，在市场应用中也占有相当的比例。主要型号参数见表 3-2。

表 3-2　XJS 系列绳索取心钻具主要型号参数

钻具型号	钻头及扩孔器标准	双管钻具及打捞器标准	钻杆规格 外径×壁厚/mm	钻杆接头规格 外径×内径/mm	钻具设计孔深/m	岩心直径 （钻头内径）/mm
XJS56	SC56+1	XJS56	54×4.5/6	56×43.5	2000	35
XJS59	BQ-1	BQS	55.5×4.75/6	57×3.5	2200	35
XJS75	XJS75	XJS75	71×5/6.5	74×58	2200	46
XJS75	S75+2	NQSS	71×5/6.5	74×58	2200	49
XJS75	NQ+2	NQS	71×5/6.5	74×58	2200	47.6
XJS75A	XJS75-1	XJS75	71×5/6.5	73×58	2000	46
XJS75A	S75+1	NQSS	71×5/6.5	73×58	2000	49
XJS75A	NQ+1	NQS	71×5/6.5	73×58	2000	47.6
XJS95	JS95B	JS95B	89×5/6.25	92×76	1200	63
CHD76	CHD76	CHD76	71×5.5/8	74×55	3000	44.5

（2）JS56 绳索取心钻具。该钻具是由北京地质机械厂生产的，双管和打捞器如图 3-1 和图 3-2 所示。

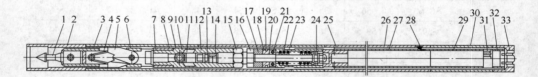

图 3-1　JS56 绳索取心钻具双管

1—捞矛头；2—弹卡挡头；3—回收管；4，11，23—弹簧；5—弹卡；6—弹卡室；7—弹卡架；
8—悬挂环；9—座环；10—钢球；12—阀座；13—弹簧座；14—锁紧螺母；15—调节螺母；
16—下轴；17—报信胶圈；18—密封盖；19，20，21—密封圈；22—轴承座；
24—轴承；25—内管接头；26—外管；27—内管；28—扶正环；29—短接；
30—扩孔器；31—卡簧；32—卡簧座；33—钻头

由图 3-1 和图 3-2 可以看出，JS56 型钻具的主要区别在于到位报信机构、岩心堵塞报信机构和安全脱卡机构。

1）到位报信机构。JS56 绳索取心钻具到位报信机构，采用的是单向球阀机构，由钢球（10）、弹簧（11）、阀座（12）、锁紧螺母（14）等零件组成。内

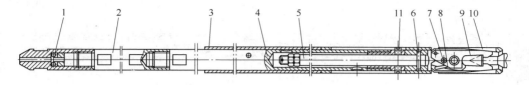

图 3-2   JS56 绳索取心钻具打捞器
1—轴承；2—上重锤；3—滑套；4—下重锤；5—拉杆；6—安全销；
7—限位销；8—弹簧；9—打捞钩；10—捞钩架；11—定位螺钉

管总成在钻杆柱中由冲洗液向下压送时，由于弹簧的作用，球阀处于关闭位置，部分冲洗液可以在内管和钻杆柱的环空间隙流通。内管总成到位时，因内管的悬挂环与外管的座环相接触，将冲洗液的通道堵死，使冲洗液压力升高，并压缩弹簧向下推动钢球，使球阀打开，因而向地表发出泵压升高的信号。通过调节锁紧螺母可以调节弹簧的预紧力，从而改变冲洗液打开球阀时泵压的变化范围。

2）岩心堵塞报信机构。JS56 绳索取心钻具岩心堵塞报信机构采用了胶圈报信机构。钻进过程中，发生岩矿心堵塞或岩心管装满岩心时，岩心对内管产生的顶推力，使胶圈受挤压变形向外膨胀，将内外管环空间隙减小或完全堵塞，冲洗液流通受阻，泵压急剧升高，说明发生岩心堵塞，应停止钻进，捞取岩心。依照钻进岩石性质的不同，可选用不同硬度和强度的报信胶圈，不仅可减少胶圈损坏，同时也不影响正常钻进。此种形式的岩心堵塞报信机构在国外被广泛采用。

3）安全脱卡机构。除了采用安全绳和安全销作为打捞器安全脱卡机构外，还采用了滑套式脱卡机构。该机构由滑套（3）、定位螺钉（11）等件组成。当打捞遇阻时，即放松钢丝绳，用重锤冲击滑套，使滑套向下移动，因打捞钩尾部有倒角，利用具有较小内径的滑套罩住打捞钩尾部，并使其头部张开，实现安全脱卡。若滑套还不能使打捞器脱开，可强力提拉钢丝绳来拉断安全绳或安全销，达到脱卡目的。

除此之外，该钻具的轴承采用了胶圈密封，可以防止冲洗液中的岩粉等污物进入，延长轴承的使用寿命。

JS56 钻具也具有结构简单、使用方便等特点，在国土资源和核工业系统使用较广泛。但该形式钻具仍存在由于到位报信机构的影响，造成在钻进中消耗泵压的问题，和岩心堵塞报信胶圈与地层适应性问题。

3.1.3 YS60 绳索取心钻具

YS60 绳索取心钻具双管和打捞器如图 3-3 和图 3-4 所示，它主要具有以下几个特点。

（1）到位报信机构采用报信胶圈。它由捞矛头（1）、异径接头（2）、胶圈

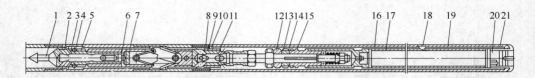

图 3-3   YS60 绳索取心钻具双管

1—捞矛头；2—异径接头；3，8—垫圈；4—胶圈；5—螺母；6—端盖；7—回收管；9—悬挂环；
10—座环；11—锁母；12—报信胶圈；13—轴承盖；14—轴承；15—轴承座；
16—外管；17—内管；18—扶正环；19—扩孔器；20—卡簧；21—钻头

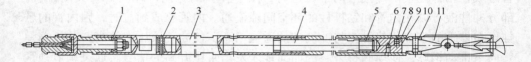

图 3-4   YS60 绳索取心钻具打捞器

1—轴承；2—安全销；3—重锤；4—拉杆；5—脱卡套筒；6—定位螺钉；
7—钢球；8—定位簧；9—捞钩架；10—弹簧；11—打捞钩

（4）、螺母（5）等零件组成。由于胶圈与钻杆柱间隙很小（约 0.5mm），当冲洗液送入内管时，活塞由冲洗液向下压送。如果内管总成卡在钻杆柱中，泵压迅速升高，即可反映出内管总成不到底。只有当内管总成到位时，因胶圈处的异径接头有较大内径，冲洗液方能畅通流过，泵压下降，说明内管到位。当捞取岩心时，捞矛头首先提起一段距离，使位于胶圈下端的通水孔露出回收管，这样冲洗液可以由捞矛头的上下通水孔流向钻具底部，从而减小了冲洗液的抽吸作用。

（2）悬挂环以上部分的长度可以进行微调，使弹卡与异径接头（弹卡挡头）的顶面保持 3～4mm 的间隙。这样既能使弹卡活动自如地进入弹卡室，又能减小钻进时岩心顶起内管总成的距离，从而可以减少冲洗液对岩矿心的冲蚀。

（3）内管总成的推力轴承具有较长的轴承盖保护，不仅能够防止岩粉颗粒进入，而且也能够防止因轴承损坏滚球掉出而卡死内管，造成内管不能单动和打捞失败。

（4）打捞器具有较长的拉杆，打捞遇阻时，可以采用反复拉紧和放松钢丝绳的方法，使重锤沿拉杆上下运动，通过捞钩架冲击内管总成使其松动，从而把它打捞上来。

（5）干孔送入机构是由脱卡套筒（5）、定位螺钉（6）、钢球（7）、定位簧（8）组成。正常情况下，脱卡套筒由钢球悬挂着，干孔钻进时，打捞器挂着内管总成向下送，内管总成到达预定位置时，重锤沿着拉杆向下移动，并向下冲击脱卡套筒，使它罩住打捞钩的尾部，使打捞钩头部张开，这样便可把打捞器和内管总成脱开并提升上来。当孔内有冲洗液时可拆掉上述零件。

3.2 国内绳索取心钻具的衍生发展

3.2.1 液动冲击回转绳索取心钻具

绳索取心钻进技术是一种使用广泛、技术先进的岩心钻探方法。它在提高钻进效率、减少辅助时间、改善操作人员的体力劳动强度、降低成本等方面都具有突出的优点。但是由于其钻头唇部壁厚，在一定的钻压下单位面积上的钻压较小，在硬岩（特别是坚硬致密的岩石）"打滑"地层中的钻进效率较低。为了提高其钻探效率将绳索取心钻具同液动冲击钻结合起来，即在原有绳索取心钻具上增加一个冲击器，在轴向静压力基础上再施加一个冲击力，就可改变其碎岩机理，从而增强了碎岩效果。

液动冲击绳索取心钻具国内研制的有 TK-60S、TK-75S、S75C、S59C、SZG-59 等型号。它们的技术性能见表 3-3。

表 3-3　液动冲击绳索取心钻具技术性能

技术性能		冲 击 器 型 号				
		TK-60S	TK-75S	S75C	S59C	SZG-59
绳索取心部分	钻头外径/mm	60	75	75	59.5	60
	钻头内径/mm	36	49	49	36	36
	扩孔器外径/mm	60.5	75.5	75.5	60	60.5
	外岩心管外径/mm	58	75	73	58	58
	外岩心管内径/mm	49	63	63	59	19
	内岩心管外径/mm	43	56	56	43	43
	内岩心管内径/mm	38	51	51	38	38
	内岩心管长度/mm	3292	3387	3000	3000	3000
冲击器部分	外径/mm	43	56	54	54	43
	冲锤行程/mm	12	12	11	12~14	9~11
	活阀行程/mm	8	8	8	8.5~10.5	6.5~7.5
	冲锤质量/kg	6	9	10	4.5	6
	地面工作泵压/MPa	1.1~1.7	1.0~1.9	1.0~2.0	0.8~1.8	1.5~2.5
	地面工作泵量/m³·mm⁻¹	0.06~0.09	0.06~0.12	0.72~0.125	0.047~0.09	0.06~0.08
	冲击功/J	4.0~11	6.0~18	5.0~10	5.3~10.8	5.0~12
	冲击频率/Hz	40~50	40~50	2.0~33.3	33.3~41.7	38~50
	工作介质	清水或低固相泥浆				

3.2.1.1　TK 型液动冲击回转绳索取心钻具

TK 型液动冲击回转绳索取心钻具为回转绳索取心钻进与绳索冲击回转钻进的两用钻具。冲击器随内管总成一道从钻杆中投入和捞出，并可根据实际需要装上或卸下。即当取心内管总成接入冲击器，则成为绳索取心冲击回转钻具，卸下冲击器，就成为普通绳索取心钻具。该钻具所配备的冲击器为 TK 型阀式正作用液动冲击器。

A　钻具结构

冲击回转绳索取心钻具由悬挂启动机构、冲击器、内外岩心管总成、打捞器等部分组成，具体结构如图 3-5 所示。

（1）悬挂启动机构。它与一般回转绳索取心钻具相似，即有铰链式捞矛头机构、弹卡定位机构等，主要区别是设置了上下两副弹卡。弹卡的作用为：上弹卡是使内管总成不致因为岩心向上顶以及冲击器工作时的反弹力作用而上升；下弹卡的作用其一是作启动冲击器时的悬挂机构（内管总成上装有冲击器），其二是当钻具作回转绳索取心钻进时，作为内管总成的悬挂机构（内管总成不带冲击器）。

（2）冲击器。该钻具采用了 TK 型阀式正作用冲击器。要实现液动冲击器回转与绳索取心钻进技术相结合，必须具有下列条件：

1）液动冲击器要能够随岩心容纳管一起，顺利地通过绳索取心钻杆。

2）打捞器要能实现成功的打捞作业。

3）冲击器的冲击能必须可靠地传递到带有钻头的外管上，因此钻具外管上要设有花键轴，以便既可传递扭矩又可上下滑动，传递冲击力。

4）液动冲击器投入钻孔到位后，要保证供给的冲洗液最大限度地引入冲击器。因此要求冲击器部位的内管与外管间的密封要可靠。

5）液动冲击器与岩心容纳管组合成钻具总成，长达 5 米多，因此要求冲击器与内管总成之间设置便于装拆的接头。

（3）内岩心管总成。内岩心管总成（52）是容纳和提取岩心用的。为了避免因冲击器内管总成过长而弯曲损坏，内岩心管总成采用卡槽提引环式连接方式，悬挂在冲击器的下部。打捞岩心时，内岩心管总成可以从活接头（39）的卡槽中摘下，十分方便。为了防止钻进时内管及卡簧座松扣、伸长，内管及卡簧座均为反丝（扣），内管可以调头使用；通过活接头（39）和螺母，可以调节卡簧座（55）和钻头（57）的间隙。止推轴承保证了钻具的单动性。

（4）外岩心管总成。外管总成由异径接头（9）、短管（10）、连接管（17）、特制接头（32）、受振环（35）、花键套（36）、花键轴（37）、扭力接头（38）、外管（43）、导正环（51）、扩孔器（53）、钻头（57）等零件组成。

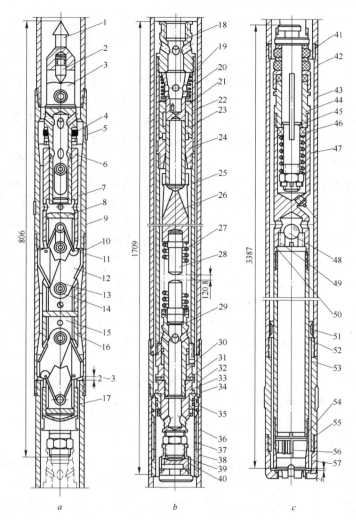

图 3-5　TK 型绳索取心冲击回转钻具

a—悬挂部分；*b*—冲击器；*c*—内管部分

1—上锥轴；2—锥轴定位销；3—下锥轴；4—到位报信圈；5—硬质金（F230）；6—提引套筒；7—端盖；

8—主轴；9—异径接头；10—短管；11—卡板弹簧；12—卡板；13—大销套；14—小销套；15—卡板座；

16—悬挂套筒；17—连接管；18—进水接头；19—阀簧；20—阀；21—阀座；22—缸体；23—锤套上

接头；24—活塞杆；25—锤套管；26—冲锤；27—锤簧；28—砧子；29—砧座轴；30—锤套下接头；

31—锤自由行程调整垫；32—特制接头；33—排水接头；34—传振环；35—受振环；36—花键套；

37—花键轴；38—扭力接头；39—活接头；40—活接头套；41—报警圈；42—轴承挡盖；43—外岩心管；

44—内管轴套；45—心轴；46—轴承（8105）；47—压力弹簧；48—钢球（ϕ25）；49—球阀座；

50—内管接头；51—导正环；52—内岩心管总成；53—扩孔器；54—卡簧挡环；

55—卡簧座；56—卡簧；57—钻头

B　TK 型液动冲击回转绳索取心钻具的工作原理

当钻头未接触孔底时,钻具处于悬吊状态。外管总成上的花键轴 (37) 向下滑动,花键套 (36) 与扭力接头 (38) 间脱开一定距离;冲击器的锤套下接头 (30) 与排水接头 (33) 间也离开一定距离;活塞杆 (24) 与阀 (20) 脱开,冲洗液畅通,冲洗液通过进水接头 (18)、阀 (20) 及活塞杆 (24) 的内孔及排水接头 (33),经过内、外岩心管间隙及钻头,再经钻具与孔壁之间环状间隙返回到地表。这时冲击器并不工作,可以在钻进前冲孔。

当钻具降到孔底时,扭力接头 (38) 与花键套 (36) 被压紧而贴在一起,与此同时排水接头 (33) 与锤套下接头 (30) 也紧贴在一起,从而使冲锤系统上升,活塞杆 (24) 与阀 (20) 也在此时接触而关闭了过水通路,于是阀区内压力剧增,产生水锤作用;在水锤压力作用下,使阀与冲锤活塞系统一起加速向下运行,并压缩阀弹簧及锤弹簧,当阀上台阶被阀座 (21) 阻住后,阀停止运行而冲锤靠惯性继续向下运行,冲击打击砧子 (28),此时,活塞杆与阀已脱开,水路被打开,液流流向孔底,泄流后阀区压力下降,从而使阀在阀簧作用下恢复原位,此时,冲锤在锤簧及砧子的反作用下复位,完成一次冲击。

冲击载荷自砧座轴 (29)、排水接头 (33),并通过传振环 (34)、受振环 (35)、花键轴 (37)、扭力接头 (38)、外岩心管 (43)、扩孔器 (53) 而传给钻头 (57)。

冲锤完成一次冲击复位后,活塞杆与阀便重新接触而关闭水路产生第二次冲击。这样,冲击作用按此周而复始地进行。

当岩心管打满或遇到情况需要取心时,投入打捞器捞取岩心。

3.2.1.2　SC 型冲击回转绳索取心钻具

SC 型冲击回转绳索取心钻具结构如图 3-6 所示。其特点主要有两个:第一,该钻具所用冲击器为阀式双作用冲击器,最大特点是无弹簧易损件,工作寿命长;其次是能量利用率高,因为该类型的冲击器的冲程与回程都是靠液体推动。第二,冲击产生的冲击力是由扇形传功极传递给花键轴,不影响钻具的通水性。

3.2.2　"三合一"绳索取心钻具

3.2.2.1　概述

"三合一"钻具是集绳索取心钻探技术、液动潜孔锤钻探技术、螺杆马达钻探技术于一体的新技术。为了保证该技术的可靠性,采用经过大量深孔及工作量检验的 S 系列绳索取心钻具的主要结构,选用经过中国大陆科学钻探主井成功使用的阀式结构的液动潜孔锤,选用我国石油系统名牌螺杆马达产品,将这三种产品有机地结合为一体,构成"三合一"组合钻具。在钻具具体结构中,利用绳索取心钻具的悬挂机构解决螺杆马达与外管总成的密封,保证全部冲洗液供螺杆

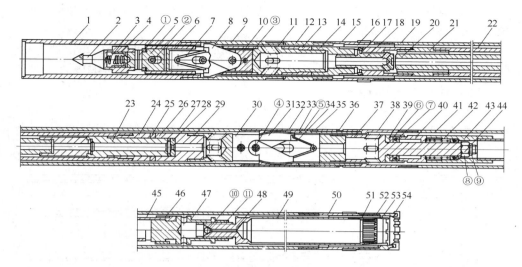

图 3-6 S75C 型绳索取心双作用冲击回转钻具结构

1—弹卡挡头；2—打捞矛头；3—压紧簧；4—定位卡块；5—捞矛座；6—回收管；7—张簧；8—弹卡钳；9—弹卡室；10—弹卡座；11—弹卡架；12—密封套；13—密封接头；14—上接头；15—扩孔器；16—阀壳；17—垫片；18—活阀；19—上外管；20—冲锤；21—中接头；22—锤壳；23—铁砧子；24—滑套；25—螺母；26—下接头；27—垫片；28—节流环；29—传功板架；30—传功板座；31—扇形传功板；32—花键套；33—传动环；34—传功板弹簧；35—花键轴；36—垫片；37，38—接头；39—护罩；40—单动接头；41—下外管；42—减振弹簧；43—减振接头；44—垫片；45—上分离接头；46—挡环；47—下分离接头；48—调节接头；49—内管；50—扶正环；51—挡圈；52—卡簧；53—卡簧座；54—钻头；①—12×40 弹性圆柱销；②—12×55 弹性圆柱销；③—8×40 弹性圆柱销；④—8×55 弹性圆柱销；⑤—6×3.1 "O" 形密封圈；⑥—25×2.4 "O" 形密封圈；⑦—φ215 单向推力轴承；⑧—M20×1 六角槽形螺母；⑨—4×40 开口销；⑩—钢球；⑪—M30×2 六角槽形螺母

马达工作；利用绳索取心钻具的定位弹卡消除螺杆马达定子产生的反扭矩；利用伸缩式传扭板将螺杆马达输出的扭矩传递到外管总成并带动钻头回转钻进；为了解决螺杆马达排出的冲洗液与进入液动潜孔锤流量不匹配问题，设计了分流机构，按比例进行分流并保证液动潜孔锤工作性能不受影响；为了使内管总成悬挂到位后，液动潜孔锤的传功机构同时到位，设计内管总成到位补偿机构；"三合一"钻具总体较长，为了防止内管总成投放过程中因弯曲被卡，在钻杆或外管总成中设计了径向微调机构。

3.2.2.2 "三合一" 钻具技术参数

"三合一" 钻具主要技术参数如下：

（1）钻头外径 157mm，钻头内径 85mm。

（2）内岩心管长度为 4.5m。

（3）螺杆马达规格 C5LZ95×7.0，排量 5~13.3L/s；输出扭矩 1490N·m；输出转速 140~320 r/min。

（4）液动锤主要结构及技术参数：外径 98mm，长度 1580mm，单次冲击功 80~100J，冲击频率 10~20Hz，工作泵量 4~6L/s，工作压力 2~4MPa。

（5）钻具总长 16.64m。

3.2.2.3 "三合一"钻具的主要机构

"三合一"钻具的结构如图 3-7 所示，其主要机构包括以下几个方面：

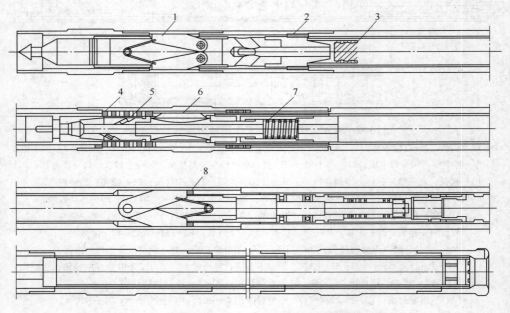

图 3-7 "三合一"钻具结构原理示意图

1—反扭矩传递；2—内外管密封；3—螺杆马达；4—外管单动；
5—分流机构；6—扭矩传递；7—到位补偿；8—冲击功传递

（1）螺杆马达与外管总成的密封。这是"三合一"钻具能否成功的基础，内管总成投放到位后与外管总成的密封程度，直接影响到螺杆马达能否全功率工作。为了保证冲洗液全部进入螺杆马达，设计了端面与径向双密封结构，试验证明，密封结构简单、可靠、耐用，完全可以满足内外管总成的密封要求。

（2）扭矩与反扭矩的传递机构。内管总成投放到位后，螺杆马达作为孔底动力带动外岩心管和钻头回转，螺杆马达扭矩的传递在设计上采用伸缩式弹卡结构并以螺旋花键的形式进行传递。内管总成到位后，螺杆马达稍有相对转动，伸缩弹卡很快地在弹力作用下进入螺旋花键槽内，此时螺杆马达的扭矩传递到外岩心管上。螺杆马达在传动轴输出扭矩的同时，马达的定子将会承受与传动轴输出扭矩大小相等、方向相反的反作用力，该反作用力通过绳索取心钻具定位弹卡直接作用在不回转的弹卡室上。所以，弹卡除了完成绳索取心的功能外，还要起到反扭矩的传递作用，因此，弹卡设计成双支点结构，保证其有足够的强度。

（3）外管总成的单动机构。采用螺杆马达作为孔底动力，带动钻杆下部外岩心管及钻头回转，上部不回转。其单动主要由主轴承、副轴承、滚针轴承和花键套、心管组成。主轴承承受全部钻压，传功板带动花键套、心管、单动接头及下部回转，实现单动。由于钻具空间的限制及恶劣的工作环境，给外管单动的设计带来了很大困难。所以，外管总成的单动机构是影响钻具寿命的关键机构。

（4）冲洗液分流机构。冲洗液分流机构由分流接头及喷嘴组成。由于螺杆马达与液动潜孔锤对冲洗液的需求量差别较大，从螺杆马达排出的流量，在进入液动潜孔锤之前通过分流接头分流一定比例的冲洗液至内外管环状间隙，剩余冲洗液确保液动潜孔锤正常工作。

（5）内管到位补偿与缓冲机构。由于钻具总长超过 16m，设计、加工、装配公差等方面原因会影响到内管总成的悬挂密封及冲击功的传递，到位补偿机构由滑动接头与弹簧等组成，其作用是在内管总成投放下降过程中绳索取心悬挂到位与液动潜孔锤传功板到位时互不影响。内管总成投放到位后，液动潜孔锤传功板先与传功环接触，上部靠其重力继续下行，压缩弹簧，直至绳索取心悬挂接头悬挂在座环上，这样既保证了液动潜孔锤正常传递冲击功，又使内管总成与外管总成能起到良好的密封，使冲洗液全部供螺杆马达工作。内管总成投放到位后有很大的冲击力，所以，到位补偿机构的弹簧也给内管总成到位起到了缓冲作用，防止到位后因冲击力过大而损坏钻具。

（6）冲击功的传递机构。冲击功的传递机构主要由传功板、传功环、传功接头等组成。液动潜孔锤的冲击功通过传功板、传功环传递到外管传功接头上，给外管及钻头施以具有一定能量的高频振动，增加回次进尺长度及钻进效率。

3.2.2.4 "三合一"钻具工作原理

"三合一"钻具主要由绳索取心钻具、液动潜孔锤、螺杆马达及其之间的连接机构、冲洗液分流机构、扭矩与反扭矩的传递机构、外管单动机构、到位补偿机构等组成。钻进回次结束后，用绳索打捞器将装满岩心的内管总成提升到地表，将备用的另一套内管总成从井口投入钻杆中，待内管总成投放到位后，即可进行下一回次的钻进。

3.2.2.5 "三合一"钻具在中国大陆科学钻探工程中的实钻试验

A 在中国大陆科学钻探工程试验钻孔内的试验

中国大陆科学钻探工程的所有科研项目都要在试验钻孔内进行试验，"三合一"钻具自孔深 58.33 ~ 130.61m，共完成试验工作量 68.22m，平均时效 1.2m，最高时效 2.5m，岩心采取率 98.8%，投放打捞成功率达到 100%，液动潜孔锤连续工作时间 10.83 h，取得了良好的技术效果。钻具的分流、密封、传扭、传功、外管单动、到位补偿等主要机构合理、可靠，达到了预期设计目标。

B　在中国大陆科学钻探工程主井中的试验

在试验钻孔取得良好技术效果的基础上，于 2005 年 2 月又在主孔内进行了试验，在孔深 5125.86～5129.33m，钻具进行了下孔试验，共进尺 3.50m。钻具在试验过程中，因卡钻经受了 1400kN 的强力起拔，密封部位经受了井底高温高压的考验，取出的岩心如图 3-8 所示。

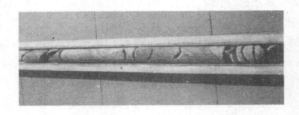

图 3-8　"三合一"组合钻具在科钻一井取出的岩心

3.2.2.6　"三合一"组合钻具的应用前景

螺杆马达 + 液动锤 + 金刚石绳索取心钻进系统的研制成功为世界首创，是具有中国特色的钻探技术，处于世界领先地位。"三合一"组合钻具由于钻杆不回转，其受力状况大大改善，消除了钻杆旋转对孔壁敲击引起的坍塌、掉块，有利于孔壁的稳定，可以避免钻杆的折断及因钻杆折断带来的其他孔内事故，改变了在复杂地层钻进中钻杆折断事故频繁发生的现状。加上绳索取心特点的发挥，该钻具将会在地质勘查，特别是深部找矿和科学深钻中发挥巨大作用。

3.2.3　绳索侧壁补心钻具

3.2.3.1　概述

岩心钻探技术作为重要的勘查技术方法受到国内外广泛的重视，为了准确界定含矿区域、矿体品质、矿产储量或界定地质构造等，必须取得足够数量的岩矿心。但是，由于地层条件复杂，常常会遇到比较松软、破碎、易溶蚀等地层，再加上施工工艺或操作不当等原因，常常出现因"丢心"而达不到取心率的要求，以致严重影响对矿产资源的评价，甚至造成钻孔报废等严重后果。

为了弥补"丢心"问题，多数情况下是以通过下入偏心楔，然后利用小直径取心钻具进行造斜补心，虽然技术比较成熟，但操作过程比较繁琐，如果遇到孔段比较软，下偏心楔容易失败。在煤系地层常常采用刮煤器、压煤器等，但补心量比较少，当需要大量补心时不适应。石油勘探补取岩心往往采用繁杂的射孔作业，为了克服上述补样技术的不足，侧壁补样绳索取心钻具研制成功，其结构原理图如图 3-9 所示。

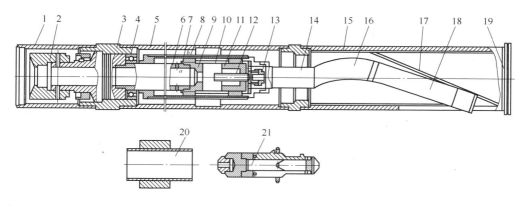

图 3-9　绳索侧壁补心钻具结构原理

1—绳索取心钻杆；2—打捞矛；3—悬挂接头；4—挂钩；5—上外管；6—心轴；7—花键套；8—上活塞；
9—活塞上接头；10—活塞连接管；11—活塞下接头；12—节流心杆；13—阀体；14—螺杆马达；
15—下外管；16—软轴；17—偏心楔；18—单动双管；19—封隔器；20—脱卡器；21—打捞器

3.2.3.2　绳索侧壁补心技术的工作原理

绳索侧壁补心钻具集成了绳索取心、井下螺杆马达、液压控制给进、软轴传递动力、导向活动偏心楔造斜、单动双管取心钻具等机构，具体工作原理如下。

钻进过程中，首先用绳索取心钻杆将侧壁补心钻具的外管总成（含活动式偏心楔（17））下放到指定孔段；然后通过绳索打捞器（21），投放内管总成钻具，当内管总成下到预定位置后，投放安全脱卡装置（20）进行脱卡；脱卡后取出绳索打捞器，连接主动钻杆后启动水泵送水驱动螺杆马达（14）工作，从而带动软轴（16）和单动双管钻具（18）回转破碎岩石，给进力通过活塞和螺杆马达断面的面积差产生的液力差向下给进。当侧钻到极限位置时，泄水孔 a 打开，地表泵压表压力降低，实现自动报信功能，侧钻过程结束。在侧钻过程中随时可以停泵，向井下投球，然后再开泵回收钻具，当钻具从侧壁孔内回收完毕后，再次打开泄水孔 b，泵压表指示压力降低，实现回收结束报信功能，此时，即可以利用钢丝绳打捞器打捞内管总成钻具，完成一次侧钻补心钻进工作。

如果补心效果不理想可将钻杆转动一个角度，重复上述过程再次进行补心，直到满意为止。另外，孔内其他孔段也需要补心时，不必提钻，直接加接钻杆把钻具继续下到预定位置进行补心，直到全孔补心结束后再把钻具提出孔外。

3.2.3.3　绳索侧壁补心技术的优点

绳索侧壁补心技术，由于集成了绳索取心、活动式偏心楔、软轴、井下螺杆马达等技术手段，因此，主要具有如下优点：

（1）克服了单点侧壁补心频繁升降钻具所带来的麻烦，大大降低了工人的劳动强度，缩短补心时间。

（2）由于采用活动式偏心楔，可以在同一深度位置转动方向补心，可以确保补心数量和补心质量。

（3）由于补心过程不提钻，可有效减少孔内事故。

（4）根据活动偏心楔的方向，可以用于采取定向岩心。

（5）该技术可在原孔内有效地进行补取岩矿心，从而保证岩矿心的连续性，为资源的开发提供完整的地质信息，有效地减少报废钻孔。

（6）由于采用绳索取心技术，尤其适合深孔多段补心。

3.2.4　投球压卡式绳索取心钻具

绳索取心技术工人劳动强度低，纯钻时间利用率高，孔内事故少，已经广泛用于地质取心工作。但是，当遇到松、散、软或硬、脆、碎等复杂地层，由于地层破碎、胶结差，给钻探取心带来很大的困难，绝大多数根本取不到岩心。传统的绳索取心钻具难以适应这类地层的取心工作，严重影响采取率，甚至造成钻孔报废导致大量人力、物力、财力的浪费。

投球压卡式绳索取心三层管钻具，可有效解决上述地层应用普通绳索取心技术方法取心率低的问题，扩大绳索取心技术方法的应用范围。该钻具最大的特点是保留了传统绳索取心钻具的全部功能，考虑松、散、软和硬、脆、碎这类地层在钻探取样施工中，岩心往往由于松软、胶结差等原因，在钻进过程中易被冲洗介质冲散，样品不能形成岩柱状岩心，样品往往在钻进过程中就被冲毁。因此，钻具结构中设计隔水结构，即在钻头内部设有锥形引流环槽，与卡簧座配合将冲洗液引入底喷水眼，在钻头前端的阶梯作用下，减少冲洗介质对岩心根部的冲刷，卡簧座与钻头结合部位设有减压环槽，在引流锥形环槽和减压环槽共同作用下，减少冲洗液沿钻头内部的泄漏量和冲刷力，有效地保护岩心；在打捞过程中，这类样品容易脱落，为此，设计了强制"关门"结构，即投球压卡取心结构，在取心前向钻具内投入一钢球，之后利用泵压强制使内岩心管下移，迫使内管前抓簧强行收拢，从而防止样品提钻过程中脱落。为实现绳索取心投球压卡取心功能，在钻具结构上采用"公"捞"母"式的打捞结构，同时，变弹卡定位结构为球卡定位结构，变卡簧取心结构为抓簧取心结构；为解决在退心过程中，岩心易散落、层序易颠倒或退不出样品等问题，设计了内衬第三层管，内衬管可以是 PVC 管，也可是金属半合管。图 3-10 所示是投球压卡绳索取心三层管钻具的结构原理；图 3-11 所示是投球压卡绳索取心三层管钻具的打捞器。图 3-12 所示为抓簧收缩后形貌。

本钻具的有益效果是，可以解决松散破碎地层绳索取心技术方法取心难的问

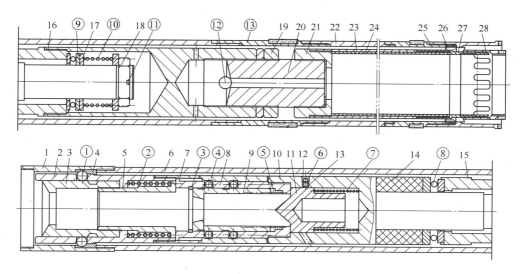

图 3-10 投球压卡绳索取心三层管钻具的结构原理

1—上接头;2—定位球卡座;3—捞矛;4—定位球卡室;5—弹簧座;6—外管;7—球卡室;8—压卡球座;

9—滑套;10—分水接头;11—到位报信滑阀;12—丝堵;13—限位钉;14—岩心堵塞报信环;

15—导向套;16—回水接头;17—垫圈;18—螺帽;19—调整螺帽;20—调整螺栓;

21—内管接头;22—外管;23—内管;24—衬管;25—钻头;26—导正头;

27—卡簧座;28—卡簧;①—定位钢球;②、⑤、⑥、⑦、⑩—弹簧;③—内弹卡圈;

④、⑫—钢球;⑧、⑨—推力轴承;⑪—开口销;⑬—扩孔器

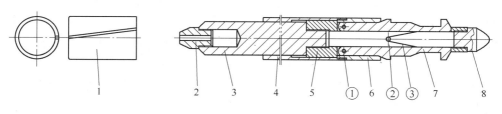

图 3-11 打捞器

1—安全脱卡管;2—绳索接头;3—配重体;4—承冲套;5—捞矛座;6—限位滑套;7—捞矛钩;
8—导向头;①、②—销轴;③—扭力弹簧

题,扩大绳索取心技术方法的应用范围,可提高取心率,提高钻进效率,降低钻进成本。

3.2.5 不提钻换钻头绳索取心钻具

3.2.5.1 概述

不提钻换钻头钻进技术的实质,是不需要升降钻杆工序,而是借助于特殊结

图 3-12　抓簧收缩后形貌

构的钻具在孔底-地表更换钻头。主要是通过绳索将钻头提升至地表，检查或更换后再从钻杆柱内投放至孔底。目前不提钻换钻头技术，主要分全面迭缩式、扩孔翼张敛式和连续链节式三大类。不提钻换钻头钻进技术的先进性，在于摆脱了传统的换钻头作业方式，而靠钢绳投捞实现钻头升降，无需起下钻便可将服役钻头从孔内取至地表，或从地表投放到钻孔内。因此，大大精简了钻进辅助作业的内容，使钻探工程、尤其是岩心钻探的技术模式和工序结构为之改观。这对于深孔钻探、研磨性地层和软硬悬殊地层的钻进，效果尤为明显。它的意义主要在于以下几个方面。

（1）可及时掌握孔底钻头的工作情况和磨损状态，使之及时适应地层，从而达到提高效率和降低钻头成本的目的。

（2）增加纯钻时间，并大幅度减轻劳动强度，改善施工条件和钻探设备工作状态。

（3）有利于保护孔壁，防止钻孔弯曲。

（4）无需苛求钻头的高寿命，因而有利于各种形式金刚石钻头的加工制作，甚至可使用合金钻头，以避免频繁起下钻。

可见，不提钻换钻头钻进技术的现实意义是显而易见的。

3.2.5.2　BH75 不提钻换钻头钻具的结构特点

BH75 不提钻换钻头钻具（以下称 BH75 钻具）属于"扩孔翼楔面张敛式"，钻头分主钻头和副钻头（扩孔翼），两级破碎岩石。主钻头为 $\phi56$ 普通双管金刚石钻头，副钻头是四单元组合式异型钻头，执行扩孔破碎任务。它可以借助于四组楔面的上下位移实现张开或收敛，钻具的结构如图 3-13 所示，图中示出了钻

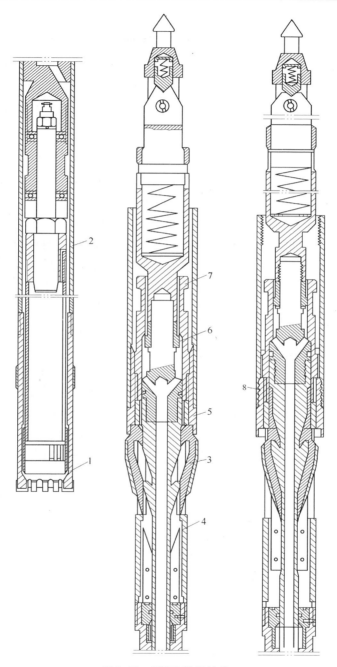

图 3-13 BH75 钻具结构

1—主钻头；2—岩心管；3，5—副钻头；4—钻头架；6—报信阀；

7—悬挂接头；8—张敛轴

具张开和收敛两个状态。

BH75 钻具包括打捞和非打捞两部分。前者包含主钻头和副钻头在内，称为主钻具，它在每个绳索取心回次都要被捞出地面；后者称为副钻具，它只有在起下钻时才被提升到地表。

不提钻换钻头的技术难题，具体表现在张敛（伸缩）机构、导向定位、到位报信、钻井液泄漏、机构强度、结构复杂程度等几个方面，其中任何一个方面的缺陷都足以影响其实用性，导致技术方案实施的最终失败。该钻具在这些关键技术方面，具有以下特点：

（1）设有灵敏的报信报警系统，到位报信和报警显示易于观察和判断。

（2）采用两级瞄向定位系统，先通过箭形花键副初瞄导向，然后借助梯形啮合副修正定位偏差，完成微瞄矫向，因此副钻头张开到位的成功率很高。这种孔内定位方法，极少依赖偶然性，十分准确可靠，其成功率不低于92%。

（3）设置供副钻头张敛滑动的双轨滑道，并辅之以收敛结构，因而从根本上提高了张敛机构的灵活性，能保证副钻头张敛充分到位，不致发生张敛故障。

（4）在扭矩传递通道的薄弱环节，采用内凸筋结构，同时由梯形啮合副而不用花键副传递扭矩，因此，钻具的承扭能力高。

（5）采用结构独特的双液流通道，液流分配合理。主通道设有两个密封副，以保证其流量不小于总泵量的80%，副通道是借助一个视密封副结构，既保证规定泄漏以满足扩孔破碎排粉要求，又不致因产生过量泄漏而影响主通道的堵塞报警显示。

（6）钻具结构比迄今出现的所有技术方案和绳索取心钻具结构都要简单。零件数目很少，而且拆装容易，很难发生装配错误。因此，该钻具既易于加工制造，又便于在野外条件下实现工业推广。这对岩心钻探来说，在很大程度上意味着钻具的工作性能可靠。

3.2.5.3　BH75 钻具的主要技术参数

BH75 钻具的主要技术参数如下：

钻孔直径：ϕ75mm；

主钻头外径：ϕ56.5mm；

岩心直径：ϕ39mm；

外岩心管：ϕ55mm×3.5mm；

岩心容纳管：ϕ45mm×2mm。

钻井液使用清水、无固相及低固相泥浆，配套钻具 S75 绳索取心打捞器、绞车，配套 ϕ71×4.5 绳索取心钻杆及挟持器。

3.2.5.4 BH75 钻具的前景

不提钻换钻头岩心钻探是一种先进的钻进技术，它的工业前景是毋庸置疑的。BH 型钻具是两级碎岩，只要主钻头选用得当，它在硬岩中的碎岩效率比同径绳索取心钻进可提高 10% ~30 % 。凡是使用绳索取心钻具的钻机，都可以只花费不多的投资，方便地配用 BH 系列不提钻换钻头钻具即可。

提高中深孔岩心钻探效率的重要技术途径，是减少起下钻作业，不提钻换钻头技术配合绳索取心钻进，是实现上述目标的最主要的手段。在日益要求加大钻井勘探深度的现状下，不提钻换钻头技术将在岩心钻探中显示出它巨大的优越性。

3.2.6　SM-2 型绳索取心采煤钻具

粉煤或称"糠煤"是煤田钻探中一种难采取的矿心，SM-2 型绳索取心钻具就是针对松软煤系地层，特别是粉煤而研制的。生产试验证明，它在松散不稳定煤层中的平均采取率和回次采取率达 92% 以上，并能保证观察到岩（矿）心的原生结构。钻具结构简单，操作方便，能够进行扫孔而不影响取心效果，并能与 S75 绳索取心钻具互换。

3.2.6.1　钻具结构及其特点

SM−2 型绳索取心钻具结构如图 3-14 所示。它由外管总成和内管总成组成。外管总成和 S75 外管总成一样；内管总成上部由 S75 钻具内管总成的弹卡、到位报信、悬挂、岩心堵塞报信、单动、减振等装置组成，其区别在于内管总成下部有特殊的取心机构。取心机构主要由内钻头（1），装有半合管（3）的内管（2）、回水球阀（4）、加长管（5）、弹簧（6）、心轴（7）、螺母（8）等零件组成，内外管之间装有扶正环（9）。

钻具结构特点有以下几个方面。

（1）具有 S75 普通绳索取心钻具的内管总成到位报信、岩心堵塞报信、单动减振装置。

（2）装配好的钻具，内钻头应超前外钻头 10 ~15mm，可通过加长管和螺母进行调节。钻进时内管超前压入岩层，能有效地防止冲洗液带走和冲毁岩矿心。

（3）内钻头内表面具有锥形状台阶结构，钻进期间能使岩矿心顺利进入岩心管。装有回水球阀，提钻时能避免岩心受到静水压力。

（4）装置的弹簧用以减振，并可在钻进时随岩石软硬自动调节内、外钻头之间的差距，钻进时内钻头刃部承受的最大轴心压力为 4116 N ，这由设计的弹簧来保证。

（5）内管中装有半合管，在地面上能观察到取出岩心的原生结构。

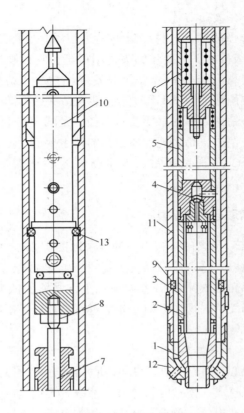

图 3-14　SM-2 型绳索取心钻具

1—内钻头；2—内管；3—半合管；4—回水球阀；5—加长管；

6—弹簧；7—心轴；8—螺母；9—扶正环；10—上部总成；

11—外管；12—外钻头；13—悬挂环

（6）调节加长管，能实现与 S75 绳索取心钻具互换。

（7）由于取心装置的结构特点，可以进行扫孔而不影响其取心性能。

3.2.6.2　钻具主要技术规格

钻具主要技术规格如下：

钻孔直径：$\phi 75\mathrm{mm}$；

岩心直径：$\phi 45\mathrm{mm}$；

外管：$\phi 73\mathrm{mm} \times 5\mathrm{mm}$；

内管：$\phi 56\mathrm{mm} \times 2.5\mathrm{mm}$。

3.2.6.3　钻具取心原理

如图 3-14 所示，钻进时，接有内钻头（1）的岩心内管（2）不转动地直接压入煤层，容纳煤心的半合管（3）装在岩心内管中，其半合管内壁和煤心直径之间间隙不大。当松软岩心进入内管中半合管后，由于解除地压而处于松散状态。但岩心在管内上行时，则上部将受到水压（包括静水压力和冲洗液循环压力），同时也将克服上行的摩擦阻力，这些作用力将使岩心压缩并发生横向膨胀，尤其处于管底锥体内的岩心，随着进尺的增加，将被压得更加密实。这是因为该处间隙最小，且是容纳沉落碎屑的部位，于是锥体内岩心就具有一定的抗剪强度。提钻时岩心随岩心内管上升，此时由于回水球阀已消除了岩心上部承受的静水压力，锥体内岩心基本上只承受上部岩心质量，这部位质量产生的应力远小于它的抗剪强度，因此提钻时不会发生岩心脱落。

3.2.7　SM-4 型绳索取心钻具

SM-4 型绳索取心钻具是针对软硬夹层以及较硬的脆性煤层而设计的。

3.2.7.1　钻具结构及其特点

如图 3-15 所示，SM-4 型钻具由内管总成和外管总成组成。它与 S75 绳索取

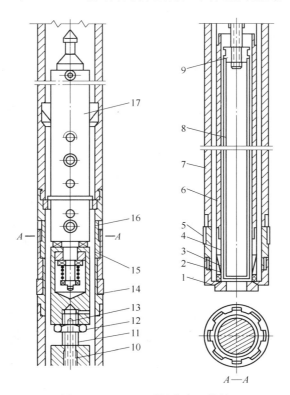

图 3-15　SM-4 型绳索取心钻具

1—钻头；2—半合管接头；3—抓簧；4—抓簧座；5—扩孔器；6—内管；7—外管；8—半合管；
9—半合块；10—接头；11—轴；12—调节螺母；13—回水球阀；14—扩孔器；
15—花键轴；16—花键轴套；17—上部总成

心钻具的主要区别在于外管总成和内管总成有特殊的取心机构。外管总成增加了由花键轴（15）和花键轴套（16）组成的外管差动机构，其他如弹卡室等部分未变。在内管总成下部有由内管差动接头（10）、轴（11）、抓簧（3）、抓簧座（4）、半合管（8）等组成的取心机构。在内管总成上部仍采用了 S75 绳索取心钻具的内管总成到位报信、岩心堵塞报信、单动、减振装置。除此之外，它还具有以下几个特点。

（1）外钻头采用阶梯状侧喷式合金钻头，防止冲洗液直接冲蚀岩心，能有效地在煤系地层钻进砂岩、泥岩、黏土岩等。

（2）三层管采用半合管形式，岩心取出后能直接观察煤层原状结构。

（3）在轴（11）上部有回水球阀，使钻进中内管的液体在进入管内岩心的压力下顶起球阀，将其排入内外管之间，同时在停止作用时，球阀起隔水作用。

3.2.7.2　钻具主要技术规格

钻具主要技术规格如下：

钻孔直径：ϕ78mm；

岩心直径：ϕ44mm；

外管规格：ϕ73mm×5mm；

内管规格：ϕ56mm×2.5mm。

3.2.7.3　钻具作用原理

钻具采用合金钻头，钻进终了已进入内管的岩心利用抓簧抓取并将其托住。其动作过程可分为以下 3 个阶段。

（1）下钻或投管时，外管、内管与半合管相对位置如图 3-16 所示。外管的花键轴未啮合，抓簧未被撑开，钻具未接触到孔底之前均处于此状态。

（2）钻具下到孔底开始钻进时，外管、内管、半合管相对位置如图 3-17 所示。此时外管上的花键轴啮合用以传递压力与扭矩，内管总成到位后钻进时，半

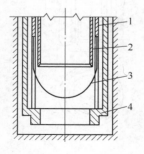

图 3-16　下钻过程状态

1—内管；2—半合管；
3—抓簧；4—钻头

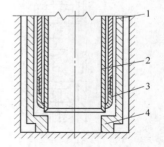

图 3-17　钻进状态

1—内管；2—半合管；
3—抓簧；4—钻头

合管撑开内管上的抓簧，岩心可以自由地进入半合管，内管坐于钻头内台阶上，并能防止冲洗液对岩心的冲刷。

（3）回次终了提升主动钻杆时，半合管与花键轴上部钻杆相对内管和花键轴下部的钻具先移动一定的距离，随之使抓簧恢复收拢状态把岩心托住，即进行打捞内管（其状态如图3-16所示）。

不难看出：取心成败的关键就是抓簧能否收拢，并有足够的弹力把岩心托住。因此，要看内管是否有足够的质量来克服半合管接头与抓簧片之间的摩擦力产生相对滑动，以及花键轴能否自由滑动以产生轴向位移。

通过生产试验证明，生产试验中的每个回次都实现了设计动作，证明该钻具的结构原理是可行的。

3.2.8　孔底冷冻绳索取心钻具

FSC-110型取样器采用干冰作为冷冻剂，酒精作为催化剂和载冷剂，在孔底将岩心冷冻到－20℃以抑制水合物的分解。取样器总体结构由单动机构、控制机构以及冷冻机构组成。图3-18所示为FCS-110型天然气水合物孔底冷冻取样钻具总体结构。

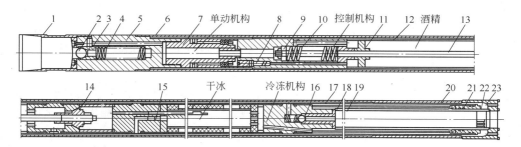

图3-18　FCS-110型天然气水合物孔底取样器样机总体结构

1—接手；2—钢球；3—阀座；4—阀座弹簧；5—外管接手；6—外管；7—轴；8—泄压阀；
9—控制活塞；10—酒精腔体接手；11—酒精腔体活塞；12—酒精腔体；13—控制杆；
14—控制阀；15—排气阀；16—排水阀；17—衬管；18—岩心管；19—半合管；
20—扩孔器；21—卡簧座；22—卡簧；23—钻头

取样器的工作原理：正常钻进时不投入钢球（2），冲洗液经外管接手（5）的三个侧向流道进入到内外管环状间隙，然后经钻头水口到达孔底，携带孔底岩屑由钻杆外侧环状间隙上返至地表泥浆池内。此时内管总成由于单动机构的作用不做回转。当岩心充满岩心管之后，停泵，从地表向钻杆内投入钢球（2），钢球（2）落在外管接手（5）的中心通道处，将液流通道堵死。冲洗液压力升高，将阀座弹簧（4）推开，经过阀座周围的导流通道，到达控制机构的控制活塞

（9）处，冲洗液推动控制活塞以及控制杆（13）下行，此时控制阀（14）打开，酒精腔体（12）内酒精在酒精腔体活塞（11）的推动下，注入干冰腔内。酒精与干冰发生热交换，成为低温酒精。低温酒精进入到岩心管（18）与衬管（17）间的环状间隙，通过岩心管（18）与岩心发生热交换，将岩心冷冻。干冰升华产生的气体则由干冰腔上部的排气阀（15）排除。冷冻过程结束之后，提钻取心。

3.2.9　水平孔钻进技术

采用坑道勘探进行深部资源勘查采用水平孔钻进技术，可以节省时间和工作量，有效地提高工作效率。将绳索取心技术应用于坑道勘探中势必会大大提高钻探效率，这对在老矿区进行接替资源找矿工作无疑是一种有效的技术手段。

水平孔与垂直孔钻进用绳索取心钻具使用场合不一样，特点存在明显差别。坑道内绳索取心钻进的特殊性与地面绳索取心钻探相比，其特殊性主要表现在以下几个方面：

（1）坑道钻探受钻场空间限制，狭小的钻场空间限制了内外管总成的长度，而短的岩心管又会增加打捞次数，影响钻进效率。

（2）地面垂直孔绳索取心钻进时，内管总成和打捞器是利用重力下放的，而坑道近水平绳索取心钻进时，内管总成和打捞器的下放必须利用外力作用才能实现。另外，钻进时还需要对内管进行扶正，保持其同心，这样无论是对动力供应还是钻进工艺均提出了更高的要求。

（3）钻进垂直孔时，绳索取心钻杆的自重对钻进并无不利影响，而钻进近水平孔时，由于钻具自重的作用，钻杆柱与孔壁的摩擦导致钻机输出转矩比钻同等深度的垂直孔时要大得多，对钻杆的强度要求更高。

（4）垂直孔用的弹卡定位机构在垂直孔或下斜孔钻进时是可靠的，但在水平孔钻进时由于弹卡自重及加工因素的影响，时常出现弹卡定位失效等问题。

因此，针对坑道内近水平孔施工的特点，研制了坑道专用绳索取心钻具及绳索取心钻杆、附属机具等，满足了坑道绳索取心钻探的要求。

3.2.9.1　西安煤科院坑道用绳索取心钻具

A　钻具设计

针对坑道用绳索取心钻具的特殊性，西安煤科院设计了坑道用绳索取心钻具内外管总成，如图3-19所示。

内外管总成分为外管和内管两个部分。其中，外管的弹卡挡头通过过渡接头连接钻杆，构成钻进的直接工具；内管总成起着钻进中容纳岩心及提出岩心的作用。

其中，捞矛头持心装置、复合弹卡定位结构、内管总成分段捞出等的设计，

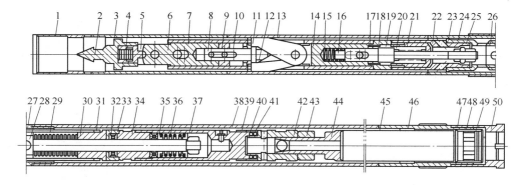

图 3-19 坑道用绳索取心钻具

1—过渡接头；2—捞矛头；3—弹卡挡环；4，10，15，20，36，39—弹簧；5—弹簧顶套；6—捞矛座；
7—回收管；8—小轴；9—垫块；11—弹卡；12—张簧；13—弹卡室；14—弹卡架；16—浮动轴；
17—垫环；18—锁定张簧；19—定位环；21—弹簧座；22—进水管；23—限位环；24—座环；
25—螺塞；26—出水管；27，46—扶正环；28—轴；29—滑套；30—调节螺母；31—锁紧螺母；
32—推力轴承；33—轴承罩；34—轴承座；35—弹簧座圈；37—弹簧套；38—外管；
40—滑动锁套；41—定位钢球；42—连接轴；43—螺母；44—调节接头；45—内管；
47—卡簧挡圈；48—卡簧；49—卡簧座；50—钻头

解决了狭小巷道空间和较短钻机行程与较长内管总成不匹配、弹卡定位不可靠、矛头偏移所致打捞失败等问题。

（1）捞矛头持心装置。为防止近水平孔钻进过程中捞矛头下落偏心致使打捞失败，研制的持心装置利用捞矛头 Y 轴方向的两个凸块限制捞矛头在该方向的自由运动，而与捞矛座侧向端面的贴合限制了 Z 轴方向的运动，保证了捞矛头与捞矛座在 X 轴方向的自动同心（见图 3-20）。同时，通过弹性圆柱销连接捞矛头与捞矛座，其转动的自由性不受限制，有效地保护了内管和岩心不受破坏。

图 3-20 捞矛头持心装置

1—捞矛头；2—弹性圆柱销；3—捞矛座

（2）复合弹卡定位机构。水平孔钻进时，弹卡式定位机构因弹卡自身重力，张簧容易收回，导致定位失效。为了克服这个难题，设计了张簧张开弹卡、机械定位的复合定位机构（见图3-21）。下放钻具时，由于两片弹卡受压，它们之间的空腔有限，心轴无法进入到弹卡空腔。同时，张簧在下放过程中处于受压的状态，钻具下放到位后，张簧使弹卡张开，心轴在弹簧作用下进入到弹卡空腔内，保证钻进过程中弹卡始终处于张开状态，定位可靠。

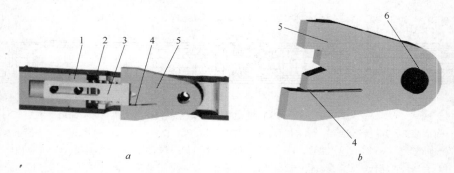

图3-21　复合定位机构及装配后的弹卡

a—复合定位机构；b—装配后的弹卡

1—垫块；2—弹簧；3—心轴；4—张簧；5—弹卡；6—弹性圆柱销

（3）快断机构。为了适应有限的坑道钻场空间，又尽可能增加内管总成长度，设计了内管总成快断机构（见图3-22）。通过销轴连接弹簧套和连接轴，保证钻进工作状态时内管总成的整体性。提出内管时，松开滑动锁套，打出销轴，即可将内管总成快速地断开为两个部分，有效地增加内管的长度。

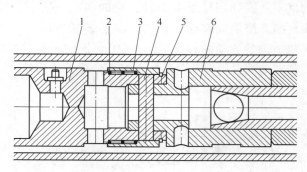

图3-22　快断机构

1—弹簧套；2—弹簧；3—滑动锁套；4—销轴；5—钢丝挡圈；6—连接轴

B　坑道绳索取心钻杆的设计

在近水平孔钻进时，钻杆在自重的作用下，贴在孔壁上，回转时，摩擦阻力增大，当孔深相近时，近水平孔钻杆承受的扭矩比垂直孔钻杆承受的扭矩要大得多，要求钻杆有更高的强度和耐磨性。针对这种情况，研制了坑道用高强度绳索取心钻杆（见图3-23）。其主要特点有以下几点。

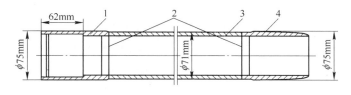

图3-23 坑道绳索取心钻杆
1—母接头；2—摩擦焊接焊缝；3—杆体；4—公接头

（1）钻杆采用摩擦焊接公母接头工艺，钻杆疲劳强度高，密封性能好，公母接头与钻杆体连接强度高。

（2）采用双顶锥、大牙高螺纹连接，螺纹拧紧时接触面积大，间隙小，螺纹受力均匀，传递扭矩大，密封性能好，而且具有自定心的特点，减少螺纹的拧卸磨损。

（3）钻杆接头外径 $\phi75mm$，杆体外径 $\phi71mm$，接头与孔壁接触起支撑作用，减小钻杆柱与孔壁的接触面积。

（4）内径 $\phi62mm$，钻杆内孔尽可能平缓，有利于内管通过。

C 附属装置设计

坑道内近水平孔钻进时，内管总成和打捞器不能靠自重下放到位，必须借助外力将其送至孔底，为此设计了水力输送器、水力打捞器、通缆式水接头和必要的安全脱卡机构等附属装置。

（1）水力输送器。由于钻杆接头部位内径稍小，为避免水力输送器卡在钻杆内孔的台阶处，使输送无法完成，设计的水力输送器采用5节尼龙连接轴相连，长度大于3m（单根钻杆的长度为3m），旨在保证连接轴上始终有两点与钻杆内径小的地方接触，易形成过流压力，保证连接轴与钻杆同心，确保输送的可靠性。同时，连接轴尼龙材质的选择使得需要克服重力的动力减小，便于水力输送。球形堵帽的设计减少了堵帽被钻杆台阶卡住的几率，提高通过性，还降低了钻杆加工的难度。

（2）通缆式水接头。坑道用绳索取心钻具采用泥浆泵泵送内管总成和打捞器。首先将钢丝绳穿过连接在钻杆上的通缆式水接头，连接在水力输送器的绳卡套上，然后将水力输送器放入钻杆内腔，接好水接头，开动泥浆泵，实现输送。通缆式水接头对钢丝绳的通过起密封作用，主要密封件是橡胶垫，压块起到定位和保护橡胶垫的作用。通缆式水接头如图3-24所示。

（3）安全脱卡机构。绳索取心钻具须有安全脱卡机构。由于坑道内施工条件复杂，坑道用绳索取心钻具近水平孔钻进的安全脱卡采用安全绳和安全螺纹两

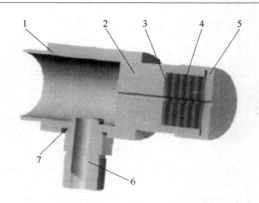

图 3-24　通缆式水接头

1—接头；2—过渡接头；3—压块；4—橡胶垫；5—压帽；6—水接头；7—密封垫

种方式复合作用达到安全脱卡的目的。安全绳是在钢丝绳的前端连接一小段细钢丝绳，遇到特殊情况时，强力起拔，从钢丝绳细处拉断，拉出钢丝绳以后可以提大钻来处理事故。如图 3-25 所示，在绳卡套内绳卡心采用尖头形式，需要拉断钢丝绳时，绳卡心的尖头更有利于快速切割钢丝绳，实现安全脱卡。

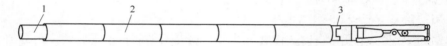

图 3-25　安全脱卡机构

1—绳卡套；2—连接轴；3—过渡接头

　　安全螺纹是利用尼龙相对钢材抗拉强度低，而且加工简单的特点，将尼龙材料的连接轴和 45 号钢的过渡接头连接。由于尼龙材料螺纹抗拉强度比 45 号钢的螺纹强度要低很多，改变连接轴和过渡接头的螺纹配合距离就可以改变尼龙母螺纹能承受的拉力，进而达到安全脱卡的目的。

　　针对坑道内近水平孔钻进时钻杆强度低，捞矛头打捞不准确，弹卡定位不可靠，坑道内空间有限，钻具必须借助外力下放及坑道内安全脱卡的复杂性等突出问题，设计了高强度坑道用绳索取心钻杆及具有捞矛头持心装置、弹卡复合定位机构、快断机构、扶正机构、安全脱卡机构等特殊机构的内外管总成。实现了坑道水平孔用绳索取心钻进技术。

3.2.9.2　KS46 坑道钻绳索取心钻具

A　KS46 坑道钻绳索取心钻具特点

　　KS46 坑道钻绳索取心钻具除具有普通绳索取心钻具所具有的全部性能外，在施工次水平孔、水平孔、仰孔时，内管总成及打捞器还可依靠水泵的泵送力输送到位。内管总成到位后，可自动露出冲洗液流动通道，以减少钻进时的泵压损失。

打捞器在捞取内管总成的过程中，其本体可显露出泄水孔，以减小打捞过程中的抽吸作用和打捞阻力。

B　KS46 坑道钻绳索取心钻具双管总成的工作原理

双管总成的结构与普通绳索取心钻具基本相同，不同之处是增添泵入机构及防涌机构，故在此仅介绍这两个机构的工作原理，如图 3-26 所示。

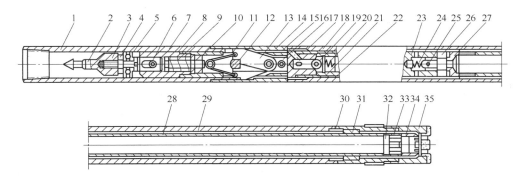

图 3-26　KS46 坑道钻绳索取心钻具

1—弹卡挡头；2—矛头；3—连杆；4, 26—螺母；5—活塞；6, 12—销；7—上滑套；8—螺栓；
9, 20, 24—弹簧；10—弹卡架；11—张力弹簧；13—弹卡板；14—弹卡室；15—回收管；
16—弹卡座；17—座环；18—悬挂环；19, 25—钢球；21, 27—接头；22—滑套；
23—弹簧套；28—内管；29—外管；30—扩孔器；31—扶正环；32—挡圈；
33—卡簧；34—卡簧座；35—钻头

（1）泵入机构。主要由活塞、连杆、螺栓、弹簧、压环及销组成。泵送内管时，首先拉动回收管，在回收管的带动下，上滑套、矛头、连杆及销一起移动，在这个过程中，压环使弹簧受压。当销从弹卡板之间移出后，将内管总成放入钻杆柱，由于钻杆内径的限制，弹卡板不能向外张开，销便被其阻挡不能下移，这样连杆与螺栓顶端即出现一间隙，向下推动矛头及连杆使上滑套封住连杆上的水眼，此时开泵送水即可将内管总成泵送到位。内管总成到位后，由于弹卡室内径较大，弹卡板可依靠张簧弹力张开。弹卡板一旦张开，回收管、上滑套、销等便一同复位。复位的同时，螺栓将连杆顶出上滑套，使其水眼重新露出，从而冲洗液流动通道被打开，即可开始钻进。

（2）防涌机构。主要由接头、钢球、弹簧等组成。当孔内有高压涌水时，一旦停泵，涌水便会通过接头的水眼涌向矛头处冲压活塞，活塞受冲压后会造成弹卡板收拢导致内管总成出位。在接头内安装钢球及弹簧后即可避免出现这种现象。停泵以后，弹簧将钢球顶在接头的中心水孔上，涌水出不去只能使整个内管受压，弹卡板被弹卡挡头阻挡，活塞不受涌水的压力作用，内管总成便不会被涌水压出。

C　打捞器工作原理

打捞器分泵入式打捞器和自重式打捞器两种形式，如图3-27所示。

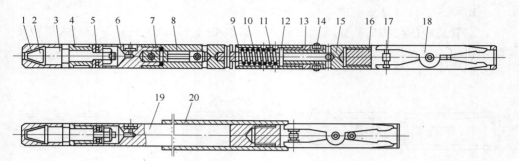

图3-27　KS46坑道钻绳索取心打捞器

1—绳卡套；2—绳卡芯；3—连杆；4，9—压盖；5—轴承；6—接头；7—销；8—销套；
10，17—弹簧；11—回水接头；12—拉杆；13—锁紧接头；14—活塞；15—活塞座；
16—捞钩架；18—打捞钩；19—重锤；20—脱卡管

（1）泵入式打捞器。该打捞器用于施工次水平孔、水平孔及仰角孔，其特点是质量较轻并具有泵入机构。泵入机构由活塞、活塞座、回水接头、拉杆、弹簧等组成。打捞器放入钻杆后，拉杆在弹簧弹力的作用下，将活塞座的中心水孔封闭，打捞器本体即关闭冲洗液流动通道，这时开泵送水便可依靠活塞将其送至孔底。打捞器捞住内管总成以后，在绞车拉力的作用下，拉杆被圆柱销带动，压缩弹簧打开活塞座的中心孔，冲洗液由此可以泄出，从而减轻打捞阻力及抽吸作用。

（2）自重式打捞器。该打捞器与普通绳索取心钻具的打捞器相同，用于施工俯视孔。将泵入式打捞器的活塞装置取掉，换入一根加重杆即变为自重打捞器。

D　附属工具

附属工具包括打捞头和拧卸工具。

（1）打捞头。图3-28所示为打捞头结构，由接头、水接头、死堵头及活堵头等组成。接头下部车有钻杆公螺纹，与孔口钻杆相接，水接头与水泵送水管相连。泵送内管总成时，用死堵头，泵送打捞器用活堵头。活堵头有中心孔，钢丝绳从中穿过后与打捞器相连，密封压块主要用来密封钢丝绳周围的间隙，以防开泵送水时冲洗液泄漏。

（2）拧卸工具。拧卸工具包括钻杆钳及内管钳，这两种钳子与S46绳索取心

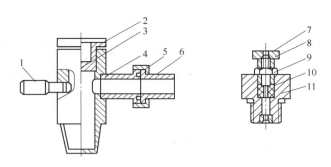

图 3-28 打捞头结构

1—手柄；2—死堵头；3—接头；4—导管；5—锁母；6—水接头；7—衬套；

8—螺纹压头；9—螺母；10—密封压块；11—活堵头

钻具通用。

E 钻杆

钻杆所用材质、结构、螺纹参数均与普通 S46 绳索取心钻具的钻杆相同，所不同的是要求其内壁光滑，内径完全一致，杜绝出现台肩现象。此外，钻杆单根长度为 1.5m。接头外径比 S46 钻杆接头小 0.5mm。

经室内外实验证明，KS46 坑道钻绳索取心钻具的设计是合理的，性能是可靠的，能够提高坑道内钻探施工效率和减轻劳动强度。

3.2.10 煤层气勘探用绳索取心钻具

在借鉴常规的绳索取心工具结构的基础上，结合煤层取心特点，研制了适用于煤层气绳索取心的钻具。目前应用的有 ϕ214 和 ϕ152 两种规格，下面以 ϕ152 为例进行说明。

该取心工具总成包括定位机构、悬挂机构、内管保护机构以及单动机构，在内外管之间有扶正机构、内管总成打捞机构以及到位堵塞报警机构。其结构如图 3-29 所示，其基本工作原理等同 S75，这里不再赘述。

3.2.10.1 ϕ152 钻具设计特点和技术创新

ϕ152 钻具设计特点和技术创新包括以下几个方面：

（1）在普通绳索取心钻具的基础上，增加了软地层取心装置，如捞取湖底淤泥的拦簧片活门机构、拦簧与卡簧组合取心机构以及斜集齿半合管内管等，形成了 ϕ152.4mm 井眼专用绳索取心工具。

（2）钻进到煤层顶板后，下入绳索取心钻具半合管内管总成，进行取心，并改用能够减少对岩心扰动的底喷钻头。常规地层用普通卡簧，若遇破碎和卵砾石状结构可加拦簧，遇粉煤可用活门机构，灵活选用最佳方式进行煤层取心。

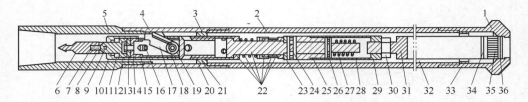

图 3-29 煤层气绳索取心工具结构示意图

1—钻头；2—外管；3—座环；4—弹卡室；5—弹卡挡头；6—捞矛头；7—捞矛头弹簧；
8—捞矛头定位销；9，16，19—弹性圆柱销；10—回收管；11，15，18，27—弹簧；
12—捞矛座；13—弹簧挡板；14—螺钉；17—弹卡钳；20—弹卡架；21—悬挂环；
22—堵塞报警机构；23—轴承罩；24，26—推力球轴承；25—轴承座；
28—锁紧螺母；29—弹簧套；30—调节螺母；31—调节接头；
32—内管；33—扶正环；34—挡圈；35—卡簧；36—卡簧座

（3）该取心工具在取心和正常钻进时采用 ϕ89mm 内平式或接头通孔大于 68mm 的钻杆，既降低了取心作业成本又便于操作和推广应用。

3.2.10.2 ϕ152 钻具的主要技术参数

岩心尺寸：ϕ54mm×1500mm；

取心钻头（外径×内径）：ϕ152.4mm×54mm；

取心外筒：ϕ108mm×3500mm；

取心内筒：ϕ62mm×1500mm（半合管）。

3.2.10.3 应用效果

应用效果有以下几个方面：

（1）取心使用方便，性能可靠，能满足 ϕ152.4mm 井眼的煤层气绳索取心的需要。

（2）取心工具结构合理，能获得较高的取心率和取心效率。

（3）采用 ϕ152.4mm 绳索取心工具可进一步优化井身结构，提高钻井效率，缩短钻井周期，降低钻井成本。

（4）可使用 ϕ89mm 内平式或接头通径大于 68mm 的普通石油钻杆，保证了通用性。

（5）ϕ54mm 的岩心可满足地质对取心的要求。

3.2.11 S75P-b 绳索取心钻具

S75P-b 绳索取心钻具是具有挡簧结构的半合管绳索取心钻具，与普通绳索取心钻具区别主要在于：卡取和容纳岩心部分具有半合管机构，适用于钻进松软破碎地层及煤系地层，可以获得完整性好、层次清晰、高采取率的岩矿心。

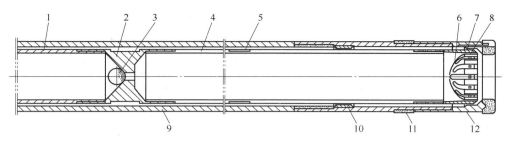

图 3-30　S75P-b 半合管绳索取心钻具下部结构

1—短内管；2—内管接头；3—钢球；4—半合管；5—耐水胶带；6—拦簧片；
7—拦簧座；8—铆钉；9—外管；10—扶正环；11—扩孔器；12—钻头

半合管有两种，一种是内管即为半合管，另一种是在内管中增加薄壁的半合管（三层管）。S75P-b 半合管钻具下部结构如图 3-30 所示（属于第一种）。为了保证半合管的圆柱度，国外采用了二氧化碳激光器切割，切缝宽 0.625mm，切割速度 1.5m/min，切开后不再机加工。S75P-b 钻具的半合管长度为 1.5m，两端车公螺纹，外表加工有三道深 0.75mm 的凹槽，两根半合管用具有一定抗拉强度的耐水胶

图 3-31　拦簧

带（玻璃纤维带）紧固成一根整管，由一个内管接头连接在短内管下端。半台管内壁应镀硬铬（厚 0.03~0.05mm），以减少岩矿心进入的阻力。这种钻具的钻头内径与普通 S75 钻具的钻头内径相同，因此可以和普通钻具的内管总成互换使用，而且根据钻进地层的软硬和破碎程度，可以配备普通卡簧，也可使用拦簧，如图 3-31 所示。拦簧由 6~12 片薄弹簧片（厚 0.3~0.4mm）组成，钻进破碎岩矿层时，可以提高岩矿心采取率。

把装满岩矿心的内管总成捞取上来后，卸下半合管两端的卡簧座和内管接头，用割刀切开胶带，掰开半合管，即可获得与地层结构大致相同的岩矿心，便于地质人员观察和分析。

3.2.12　S75P-C 绳索取心钻具

S75P-C 绳索取心钻具是具有拦簧结构内衬塑料三层管的超前管钻具，其下部结构如图 3-32 所示。

由图 3-32 可以看出，内管中的塑料三层管上端贴附在内管接头的内台阶上，下端座在拦簧座上，其长度为 1.5m，技术规格外径为 50mm，内径为 47mm，内

管中增加塑料三层管，减小了钻头内径（3mm）。同样，根据钻进地层性质，可以配备普通卡簧，使塑料三层管座在卡簧挡圈上，也可使用拦簧和超前管。超前管分为固定式和伸缩式（图3-32所示为固定式），超前量一般为 20～25mm，其材质为 40 Cr，经过调质处理，硬度 HRC 28～32，端部长 25mm 段表面高频淬火，深度 0.3～0.4mm，硬度 HRC 45～50，钻进时依靠轴向压力切入岩层。这种固定式超前管用于钻进厚度较大的无硬夹层的松软岩矿层，不仅可以防止冲洗液对岩矿心的冲蚀，而且可避免冲洗液的压力造成的岩矿心挤压和磨损，从而提高岩矿心采取率。

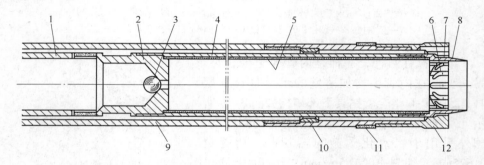

图 3-32　S75P-C 内衬塑料三层管超前钻具下部结构
1—短内管；2—内管接头；3—钢球；4—二层管；5—塑料管；6—拦簧片；
7—铆钉；8—超前管；9—外管；10—扶正环；11—扩孔器；12—钻头

把装满岩矿心的内管总成捞取上来后，卸下二层管两端的超前管和内管接头，由二层管中取出塑料管，用刀锯将其割开，从而获得地质上要求的岩矿心。

3.2.13　复杂地层绳索取心钻具

绳索取心钻探技术是具有纯钻时间长、劳动强度低、钻探质量高、孔内事故少、钻探成本低等特点的钻进技术。但是，当遇到硬脆碎、软硬互层等复杂地层，往往出现以下两种严重技术问题：一是钻头消耗过快，提钻间隔短的问题；另外就是取心失败，岩心采取率低的问题。这些问题使绳索取心的优越性得不到发挥，甚至由于达不到取心率要求而造成钻孔报废的后果。

针对上述技术问题开展相应设计，针对岩心采取率低的问题，解决的具体技术方案是：在内管内增设第三层岩心管，岩心管内外同时具有两种取心方法，内部保留传统的卡簧取心机构，以便遇到完整岩心时拉断岩心，在岩心管外侧增设拦簧护心机构，打捞岩心时，岩心管相对内管先行上行，使隐藏在外侧的拦簧爪向下并收拢托住岩心（见图3-33），从而防止破碎的样品因脱落而丢失；为了防止因冲刷而造成岩心丢失，设计了内外两层钻头，内外两层钻头成阶梯布局，内

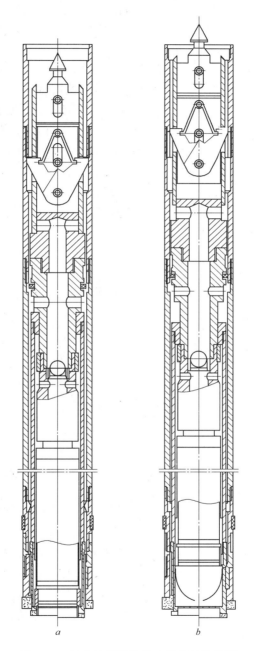

图 3-33　复杂地层绳索取心钻具结构简图

a—钻进状态；*b*—打捞状态

钻头超前起到掏槽作用，为外钻头创造自由面，提高钻进速度，同时起到隔水防岩心被冲刷的作用，从而保证在提高钻进速度的同时，防止岩心因被冲刷而丢失。

破碎地层通常采用阶梯钻头提高钻具工作的平稳性，但钻头内台阶在前部起到掏槽作用，工作条件恶劣、容易损坏。针对钻头磨损快，钻头寿命短的问题，解决的方案是：将钻头做成内外两个钻头，且让内钻头可随内管总成打捞至地表更换，实现内钻头不提钻换钻头（见图3-33 a）；外钻头相对工作条件优越些，不容易损坏，使用寿命长，可有效延长提钻间隔，使绳索取心的优越性得到充分的发挥。内钻头随内管一同打捞，内外两层钻头间容易产生岩墙，解决该技术问题采用的技术方案是：两钻头采用花键式交叉结构（见图3-34），为了保证在打捞取心后再次投放时，花键顺利进入啮合状态，内、外花键上均设有起导向作用的倒角结构（见图3-35）。

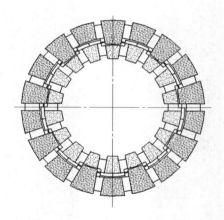

图3-34 内、外钻头花键式交叉消除孔底岩墙结构图

考虑复杂地层有时采用泥浆钻进，为了加快内管总成投放速度，同时更准确确定内管总成是否投放到位，需要增设泵送结构，具体解决方案是在滑动轴上设计了O形密封圈，泵送时起到活塞作用，加快投放速度，当内管总成到位后，于O形圈相对位置的钻杆内径突然变大泄水，地表泵压波动变化指示投放到位信息。

因增加了O形圈，在打捞内管总成时易引起抽吸效应，解决该问题的具体方案是：当回收管受拉后露出泄水孔，使上下串通，一方面打捞时防抽吸、绳索悬挂投放时便于送入，另一方面可有效地减小井内波动压力，有利于保护孔壁的稳定。当孔内非干孔，采用扔投方式时，为缩短等待时间，可去掉O形胶圈。

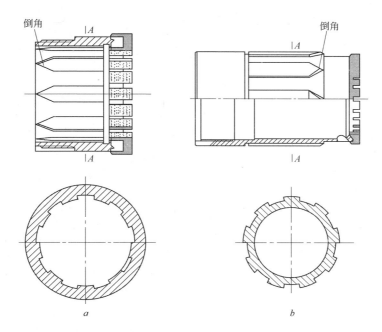

图3-35　带导向倒角的内、外钻头花键导正结构图

a—外钻头；*b*—内钻头

当地层沙化严重容易造成内外钻头相互卡塞影响绳索打捞时，可采用分体式阶梯钻头结构（见图3-36），内外钻头形成的阶梯高度可根据地层特点加、减垫片调节，内钻头掏槽护心防冲刷，外钻头以扩带钻提高碎岩效率，提钻时可视磨损程度更换内钻头或外钻头，最大限度地提高钻头利用率，分体式阶梯钻头结构也消除了整体阶梯钻头制造上的困难。

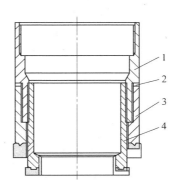

图3-36　分体式阶梯钻头结构图

1—钻头座；2—调整垫片；3—外钻头；4—内钻头

复杂地层绳索取心钻具有三种结构形式：第一种形式为图 3-33 *a* 所示的钻具结构形式，可称为内钻头不提钻换钻头爪簧护心绳索取心钻具；第二种形式为图 3-33 *b* 所示钻具结构形式，可称为分体式阶梯钻头爪簧护心绳索取心钻具；第三种形式为普通绳索取心钻具。

复杂地层绳索取心钻具的具体应用如下：

（1）内钻头不提钻换钻头爪簧护心绳索取心钻具。图 3-33 *a* 所示的钻具结构形式，分外管总成和内管总成。即扩孔器上部同常规绳索取心钻具，扩孔器下部由丝扣连接外加接头，外加接头两端均为母螺纹，下端与带有倒角的内花键钻头连接，组成第一种钻具结构形式的外管总成；内管总成在常规内管总成的弹卡座与悬挂环间增设了滑动轴和滑动套，滑动套与内管用丝扣连接，内管下端用丝扣与带有外导向花键的内钻头连接，内管与内钻头的丝扣连接处嵌入拦簧的拦簧圈，拦簧圈结构同扶正环，兼做扶正岩心管和固定拦簧爪的作用，岩心管下部保留卡簧、卡簧座等组件，岩心管上部与悬挂环之间，保留了常规绳索取心钻具的到位报信机构、岩心堵塞报警机构、调节结构、单动结构、内管保护机构等，钻进过程中，岩心管的悬挂机构首先是通过滑动轴悬挂在滑动套上，而滑动套通过内管和内钻头坐在外钻头的内台阶上，内外钻头在花键作用下同步回转破碎岩石，此时，爪簧被岩心管撑开，隐蔽在卡簧座外侧，当打捞岩心时，捞矛头带动滑动轴上移，滑动套相对下移至悬挂环的台肩上，此时内管和拦簧同步下落，露出爪簧，爪簧收拢托在岩心管下端，防止岩心脱落（见图 3-33 *b*）。

（2）分体式阶梯钻头爪簧护心绳索取心钻具。图 3-33 *b* 所示的钻具结构形式，分外管总成和内管总成。即扩孔器上部同常规绳索取心钻具，扩孔器下部由丝扣连接钻头座，钻头座下端的内、外侧均带有螺纹，外螺纹与外钻头连接，内螺纹与内钻头连接，组成第二种钻具结构形式的外管总成；内管总成同第一种结构基本一样，所不同的是内管下端用拦簧座取代了带有外导向花键的内管钻头，钻进状态与打捞状态同内钻头不提钻换钻头爪簧护心绳索取心钻具。

（3）普通绳索取心钻具。兼顾常规绳索取心钻具，当遇到完整地层时，只要在本钻具的扩孔器以下，连接正常绳索取心钻头，采用常规绳索取心钻具内管总成，就和普通绳索取心钻具一样，即可进行常规绳索取心钻进，因为常规绳索取心钻进毕竟碎岩面积小，可提高完整地层的钻进效率。

4 国外绳索取心钻具

4.1 概述

国外绳索取心钻具种类繁多,但市场中应用最多的规格系列主要有三种:一是以美国长年公司钻具为代表的英制标准系列(DCDMA),二是以瑞典克瑞留斯公司钻具为代表的公制标准系列(SIS),三是前苏联钻具的规格系列。此外,在上述标准系列的基础上,国外某些公司也研制出了适合钻进坚硬、松软、破碎等地层的绳索取心钻具规格系列。

根据绳索取心钻进对钻具性能的要求,国外一些钻探公司研制了各种各样的钻具结构形式,并且在实践中不断完善改进。改进点主要是在打捞机构、定位机构、到位报信机构、岩心堵塞报信机构和安全脱卡机构。现对上述五种机构介绍如下:

(1)打捞机构。打捞机构分为"母捞公"型(捞钩式、捞筒式)和"公捞母"型(捞矛式)两大类。由于前者具有打捞部件不易损坏、打捞成功率高等优点,故应用较普通。

(2)定位机构。定位机构基本上有两种形式:弹卡板式和球卡式。弹卡板式又分为单片、双片、多片等,其与球卡式相比,具有易于通过钻杆柱、与外管总成接触面积大、耐磨损、定位可靠等优点,因而被广泛采用。

(3)到位报信机构。到位报信机构都是利用液压报信的原理。有的钻具无此机构,有的钻具具有该机构。

(4)岩心堵塞报信机构。岩心堵塞报信也是采用液压报信原理,主要有两种结构类型:一是胶圈结构类型,二是滑套堵口结构类型。报信胶圈采用弹性好、抗压强度较高的材质制成。因其结构简单,应用广泛。

(5)安全脱卡机构。打捞器的安全脱卡机构种类很多,归纳起来主要有安全销、脱卡管、安全绳和其他不同形式的机械脱卡法。由于安全销和脱卡管具有结构简单、操作方便等优点,所以应用较普遍。

4.2 美国绳索取心钻具

4.2.1 美国绳索取心钻具的发展

随着绳索取心钻进技术的不断发展,美国长年公司绳索取心钻具的规格系列不断更新。最初研制成了包括 AX、BX、NX 三种规格的 10WL 系列钻具,由于

10WL 系列钻具的钻杆采用了公母接头的平螺纹连接，尽管钻杆和接头壁较厚（如 BX 接头壁厚 6.35mm），螺纹连接强度仍很低，不能满足绳索取心钻进工艺要求，而且钻头唇面壁厚，取出的岩矿心直径小。为此，对上述钻具进行了改进，1958 年研制了 Q 系列的钻具。这种钻具的钻杆采用了无接头的锥形螺纹连接，即在钻杆两端直接加工锥形螺纹。这样不仅减少了螺纹数量和钻杆壁厚（如 BQ 钻杆壁厚为 4.8mm），提高了螺纹连接强度，而且减小了钻头唇面壁厚，增大了岩矿心直径。因此，使用 Q 系列的钻具可以获得更好的技术经济效果。

随着绳索取心钻进技术应用范围的日益扩大，Q 系列钻具的规格品种不断增加，逐渐形成了包括 AQ、BQ、NQ、HQ、PQ 五种规格的钻具，具体技术规格见表 4-1。

表 4-1　美国长年公司绳索取心钻具（DCDMA 标准）技术规格　　（mm）

规格代号	钻孔直径	岩心直径	钻杆外径	钻杆内径	岩心管外径	钻杆与钻孔环空间隙
AQ	48	27	44.5	34.9	46	1.75
BQ	60	36.5	55.6	46（47.6）	57.2	2.2
NQ	75.8	47.6	69.9	60.3（61.9）	73	2.95
HQ	96	63.5	88.9	77.8（80.9）	92.1	3.55
PQ	122.6	85	114.3	103.2	117.5	4.15

由于 Q 系列孔径间隔和钻杆与钻孔环状间隙比较合理，钻杆和套管强度高、刚性大，而且上一级钻杆可以作下一级钻具的套管（AQ、BQ 除外），所以，自 1967 年以来一直作为工业标准。

但是，经生产实践表明，Q 系列的钻杆螺纹连接处与钻杆体相比仍是薄弱环节，常常因螺纹连接处的损坏造成整根钻杆的提前报废。为了进一步延长螺纹连接处的使用寿命，1972 年又研制 CQ 系列钻具。CQ 与 Q 系列钻具规格是相同的，不同之处在于减小了钻杆体壁厚，并且在钻杆体两端采用等离子弧焊接两个内加厚，优质管材的公母螺纹接头，并对其表面进行了强化处理。CQ 钻杆的技术规格见表 4-2。

表 4-2　CQ 钻杆的技术规格　　（mm）

规格代号	公母接头		钻杆体		质量/kg·m⁻¹
	外径	内径	外径	内径	
ACQ	44.5	34.9	44.5	36.5	4.07
BCQ	55.6	46	55.6	47.6	5.23
NCQ	69.9	60.3	69.9	61.9	6.67

规格代号	公母接头		钻杆体		质量/kg·m⁻¹
	外径	内径	外径	内径	
HCQ	88.9	77.8	88.9	80.9	8.67
PCQ	117.5	101.6	117.5	108	15.1

为了更好地适应某些不稳定岩层、软的煤系地层、深孔和泥浆循环，避免环空间隙偏小所引起的回转阻力和循环液压力损失过大的现象。近年来，某些公司在原有绳索取心钻具系列基础上，适当增加了钻孔直径，也即增大了环空间隙。表 4-3 列出了美国波依尔公司绳索取心钻具规格系列。

表 4-3 美国波依尔公司绳索取心钻具规格系列 （mm）

规格代号	钻孔直径	岩心直径	钻杆外径	钻杆内径	钻杆与钻孔环空间隙
BXWL	59.94	36.37	56.5（57.15）	46.00	1.72
BXWL	60.96	36.37	56.5（57.15）	46.00	2.23
BXWL	61.97	36.37	56.5（57.15）	46.00	2.735
NXWL	75.69	47.62	69.9（73.02）	60.70	2.895
NXWL	77.01	47.62	69.9（73.02）	60.70	3.555
NXWL	79.37	47.62	69.9（73.02）	60.70	4.735
NXWL	82.55	47.62	69.9（73.02）	60.70	6.325

注：括弧内数字为接头外径。

4.2.2 美国钻具结构

4.2.2.1 Q 系列钻具

Q 系列绳索取心钻具是美国长年公司应用较广的一种钻具结构形式。为了使钻工更便于操作、安全和节省时间，长年公司对 Q 系列钻具作了一些改进，主要是在钻进垂直孔的 Q、Q-3、CHD（厚壁钻具）系列钻具上增加了铰链式捞矛机构，如图 4-1 所示。

该机构由捞矛头、弹簧、中心凸块、捞矛座等件组成。正常情况下，中心凸块在弹簧的作用下位于捞矛座的凹槽内，使捞矛头保持直立，以便于打捞。当打捞器将内管捞出孔底并放倒时，中心凸块压缩弹簧，并由捞矛座的凹槽中滑出，捞矛头在打捞器的捞钩内位于垂直方向，而内管总成通过捞矛座可以相对捞矛头转动 0°～90°（包括一个 60°的中间位置），从而可以防止放倒内管时捞矛头从打捞器中脱出，摔坏内管，使操作既方便又安全。除此之外还进行了如下改进：

（1）弹卡挡头去掉了拨叉，弹卡可在360°范围内活动，从而减少了弹卡挡头磨损的缺点，延长了钻具使用寿命。

（2）加大了张簧弹力，并将张簧脚扭转90°，不仅提高了弹卡定位的可靠性，而且可以延长张簧使用寿命。

（3）增大了内管逆流阀的通孔直径，加快了内管下降速度，减少了辅助时间。

（4）扶正环由外通水改为内通水，改善了液流状态（尤其是泥浆），且坚固耐用，易于装卸。

（5）加大了弹卡架上的通水孔，在打捞内管时，减小抽吸作用，防止孔壁坍塌。

（6）打捞器加长了捞钩架，并将头部改为全圆形，以便与铰链式捞矛头相匹配；增大了重锤拉杆直径，缩短了总长度（PQ 缩短了

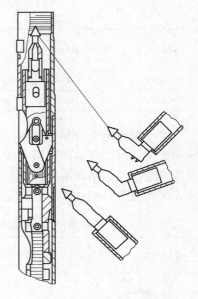

图 4-1　铰链式捞矛机构

813mm，其他几种规格各缩短了 457mm）；取消安全销和几个带丝扣的接头，简化了结构；增强了捞钩尾部弹簧力量，提高了捞钩对捞矛头的抱紧力；改进了脱卡滑套的定位销，保证在内管被卡时，使捞钩安全脱卡等。

4.2.2.2　Q-U 系列钻具

Q-U 系列钻具用于钻进水平孔（包括与水平面夹角小于 45°的钻孔）和仰孔。Q–U 系列钻具双管和打捞器如图 4-2 和图 4-3 所示。因钻进水平孔和仰孔时，内管总成和打捞器不能靠自重在钻杆内到达孔底，必须开泵用冲洗液送入孔内，所以 Q-U 系列的钻具是在 Q 系列钻具上增加了密封胶圈并作了其他一些修改。它与 Q 系列钻具的主要区别如下：

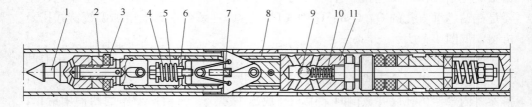

图 4-2　Q-U 系列钻具双管

1—捞矛头；2—调节螺母；3—胶圈；4—螺杆；5，10—弹簧；6—销钉；
7—矩形销；8—回收管；9—球阀；11—弹卡架

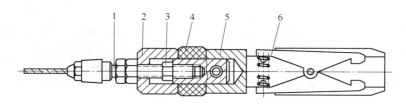

图 4-3　Q-U 系列钻具打捞器
1—螺杆；2—压盖；3—锁紧螺母；4—胶圈；5—捞钩架；6—捞钩

　　（1）捞矛头部分增加调节螺母（2）、胶圈（3）和通水孔，胶圈与钻杆的间隙由调节螺母调节。

　　（2）回收管部分增加了螺杆（4）、弹簧（5）、销钉（6）等件，弹簧力量通过销钉作用于回收管，防止回收管因重力作用向外移动而使弹卡收拢。

　　（3）两片弹卡之间增加了一个矩形销（7），可有效地防止弹卡在钻进过程中收拢。

　　（4）弹卡架的通水孔处增加了球阀（9），当遇到地下压力水时，可以防止弹卡脱开而使内管串出。

　　（5）打捞器去掉了重锤，增加了可调节的胶圈（4）。

　　当内管总成被泵入时，矩形销不能进入两片弹卡的凹槽，弹簧受压，回收管将捞矛头的下通水路堵塞。一旦内管总成到达预定位置，两片弹卡向外张开而进入弹卡室，这时在弹簧的作用下，回收管下移，矩形销进入两片弹卡的凹槽，打开冲洗液通道。捞取岩心时，将打捞器泵入孔内，当其到达内管总成上端时，捞钩架将捞矛头通水孔覆盖，使泵压升高，说明打捞器已抓住捞矛头。提升时，冲洗液可由捞矛头的通水孔自由流动，以减小打捞阻力和抽吸作用。

4.2.2.3　Q-3 系列钻具

　　钻进松软、破碎地层的 Q-3 系列钻具结构与 Q 系列钻具是相同的，只是在内管中增加了第三层管，即半合管。半合管上端贴附在一个与内管接头活动相连的具有螺纹回水孔的活塞上，下端座在卡簧挡圈上。其结构与我国的 S75P-b 绳索取心钻具相似。装满岩心的内管提升到地表以后，卸开卡簧座和内管接头，堵死活塞回水孔，拧上泵出接头，使用手摇泵或钻进用的水泵把第三层管泵出内管。然后沿轴线掰开，即可获得未受扰动的岩矿心。在岩层松软的情况下，一般配备底喷式钻头，以防冲洗液冲蚀岩心。

4.2.2.4　美国亨伍德公司钻具

　　美国亨伍德（Henwood）公司 F-73 型绳索取心钻具双管和打捞器如图 4-4和图 4-5 所示。主要结构特点如下：

　　（1）由固定在外管总成中的弹簧套（4）定位。弹簧套下部呈圆锥形，并开

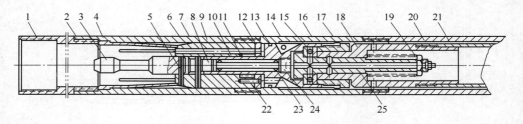

图 4-4　F-73 型绳索取心钻具双管

1—变丝接头；2—定位接头；3—矛头；4—弹簧套；5—弹簧销；6—悬挂销；7—心杆；
8，13—密封圈；9—止推头；10—悬挂套；11，19—弹簧；12—悬挂环；14—悬挂接头；
15—推力轴承；16—螺纹套；17—密封环；18—内管接头；20—外管；21—内管；
22—定位销；23—蝶簧；24—螺母；25—心轴

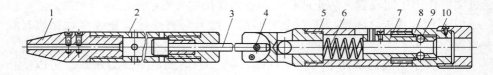

图 4-5　F-73 型绳索取心钻具打捞器

1—接头；2—重锤；3—冲击杆；4—安全销；5—弹簧套；6—弹簧；
7—内滑套；8—小接头；9—钢球；10—导向头

有若干条狭长缝口。将它悬挂在外管总成的定位接头（2）内，并用变丝接头压紧。内管总成端部的止推头（9）呈圆锥形并有一个台阶，当内管总成下降通过弹簧套（4）以后，弹簧套下端爪正好压在止推头上部的台阶上，从而在钻进时阻止内管总成向上窜动。

（2）具有到位报信和岩心堵塞报信机构。主要由心杆（7）、止推头（9）、悬挂套（10）、弹簧（11）、悬挂环（12）、悬挂接头（14）、定位销（22）、蝶簧（23）等组成。内管总成下降时，因弹簧的作用，悬挂环与悬挂套贴合。当内管抵达预定位置时，悬挂环坐落在悬挂接头的内台阶上，内管总成的质量压缩弹簧，使悬挂环与止推头贴紧。此时，冲洗液便可经过止推头和悬挂环的通水孔及悬挂环下部环状间隙，进入悬挂套的水眼而流入内外管间隙。若内管未到达预定位置，即悬挂环还贴在悬挂接头的台阶上，此时水路不通，泵压升高。当发生岩心堵塞时，岩心向上顶推内管总成，使悬挂套压缩蝶簧向上移动，与悬挂环压合封闭水路，造成泵压升高，操作人员便可发现。

（3）采用球卡打捞器。它主要由重锤（2）、冲击杆（3）、安全销（4）、弹簧（6）、内滑套（7）、钢球（9）、导向头（10）等组成。下接头下部有一个小径位置，而其上部有一个大径位置。正常情况下，弹簧压缩内滑套使钢球位于下接头的小径位置。当打捞内管总成时，在打捞器重锤的作用下，捞矛头克服弹簧的力量向上推动钢球和内滑套，使钢球进入下接头的大径位置，捞矛头超过钢球后，弹簧向下推动内滑套和钢球，从而把捞矛头卡住。与此同时，开有通水槽的导向头（10）向外撑开外管总成的弹簧套，使其释放开内管总成止推头，从而把内管总成捞上来。

4.2.2.5　美国克里斯坦森（Christensen）公司钻具

美国克里斯坦森 C 型绳索取心钻具双管和打捞器如图 4-6 和图 4-7 所示。主要结构特点如下：

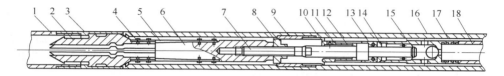

图 4-6　C 型绳索取心钻具双管

1—变丝接头；2—捞矛头；3—定位接头；4—螺钉；5—弹簧片；6—心轴；7—调节轴；
8—悬挂环；9—座环；10—顶盖；11—密封圈；12—轴承套；13—轴承；14—弹簧；
15—弹性挡圈；16—弹簧套；17—外管；18—内管

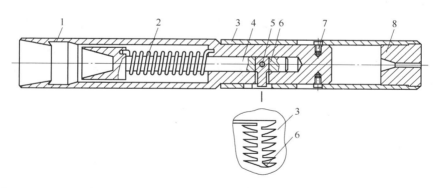

图 4-7　C 型绳索取心钻具打捞器

1—捞筒；2—扭簧；3—迷宫槽套筒；4—脱卡套；5—固定销；
6—拨刀；7—螺钉；8—压盖

（1）内管总成的四瓣捞矛头（2），既用于打捞，又起定位作用。四瓣捞矛头由弹簧片（5）和螺钉（4）固定在心轴（6）上，当内管总成到达预定位置时，捞矛头圆柱状凸台在弹簧片的作用下向外扩张而进入定位接头的凹槽，把内管固定在顶定位置。由于它具有四个较宽的凸台，几乎在整个圆周范围内锁紧，因而耐磨损，定位可靠。捞取内管总成时，打捞器的捞筒（1）把四瓣捞矛头向中心收拢，使其凸台与定位接头脱开，并钩住捞矛头台阶，从而把内管总成捞取上来。

（2）岩心堵塞报信机构采用机械方法。它由座环（9）（报信环）、顶盖（10）、弹簧（14）、弹簧套（16）等组成。正常情况下，冲洗液由座环和顶盖之间的环状间隙流过，一旦发生岩心堵塞，岩心产生的顶推力使弹簧套压缩弹簧向上移动，从而使顶盖进入具有较小内径的座环，把冲洗液通道封闭，造成泵压升高。

（3）打捞器采用机械安全脱卡法。它由捞筒（1）、扭簧（2）、迷宫槽套筒（3）、脱卡套（4）、拨刀（6）等组成。正常打捞时，拨刀卡在迷宫槽末端，脱卡套的内锥体与打捞矛保持一定距离，此时扭簧受压缩和一定的扭力。当打捞遇阻时，可在孔口来回拉放钢绳，拨刀由于扭簧的扭力和伸张作用，同时受迷宫槽的导向作用即向前跳动，每提拉一次钢绳向前跳动一格，跳到迷宫槽的最后一格开口槽时，扭簧伸张，脱卡套下行，依靠脱卡套的内锥体把四瓣打捞矛头收拢，从而脱离打捞器的内台肩，实现安全脱卡。

4.3　瑞典钻具

4.3.1　瑞典克瑞留斯公司钻具的规格系列

由于瑞典克瑞留斯公司系列钻具孔径间隔和钻杆与钻孔环状间隙较小，钻杆和套管壁较薄，并且上一级钻杆不能作为下一级钻具的套管，只适合钻进浅孔和完整地层，所以推广采用较少，钻具规格系列见表4-4。

表 4-4　瑞典克瑞留斯公司绳索取心钻具规格系列　　　　（mm）

规格代号	钻孔直径	岩心直径	钻　杆		钻　头		外　管		内　管	
			外径	内径	外径	内径	外径	内径	外径	内径
$ST_a - 46$	46.3	25.6	43	34	46	25.6	43	34	30.9	26.5
$ST_a - 56$	56.3	35.6	53	44	56	35.6	53	44	40.9	36.5
$ST_a - 66$	66.3	39.7	63	53	66	39.7	63	53	46	41
$ST_a - 76$	76.3	47.7	72	62	76	47.7	72	62	54	49
$ST_a - 86$	86.3	57.7	82	72	86	57.7	82	72	64	59

4.3.2　瑞典克瑞留斯公司钻具

瑞典克瑞留斯公司 ST 型绳索取心钻具双管和打捞器如图 4-8 和图 4-9 所示。

主要结构特点如下：

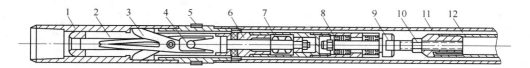

图 4-8 ST 型绳索取心钻具双管（上半部分）

1—弹卡室；2—弹卡架；3—弹卡钳；4—张簧；5—稳定器；6—滑动接头；7—蝶簧；

8—轴承；9—调节轴；10—锁母；11—外管；12—内管

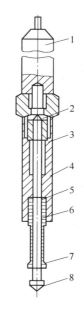

（1）打捞机构属于"公捞母"型。弹卡钳（3）具有两个重要作用，一是定位，再就是打捞。弹卡钳在其尾部张簧的作用下，两翼向外张开并进入弹卡室，钻进过程中防止内管总成向上串动。打捞岩心时，打捞器的捞矛头进入弹卡钳头部，使弹卡钳两翼缩回并挂住弹卡钳，把内管总成捞取上来。

（2）悬挂台阶在弹卡架（2）的上部，打捞内管总成时，冲洗液可以通过弹卡架的中心孔和长形槽下泄，以减小打捞阻力和抽吸作用。

（3）钻具单动部分采用了四副轴承：两副向心轴承，两副推力轴承。这样不仅可使钻具的单动性能好，而且还可以防止因调节轴（9）的偏斜造成内外管不同轴。

（4）打捞器采用了胶圈悬挂式的安全脱卡机构。当打捞内管总成遇阻时，向上提拉钢丝绳，蝶簧套压缩蝶簧相对脱卡套向上移动，直至悬挂圈出了蝶簧套，然后放松钢丝绳，脱卡套下移至捞矛头台阶处，因脱卡套头部略大于捞矛头，从而使捞矛头由弹卡钳中脱出。

图 4-9 ST 型绳索取心钻具打捞器

1—重锤；2—螺母；3—蝶簧；

4—碟簧套；5—挡圈；6—悬挂圈；

7—脱卡套；8—捞矛头

4.4 前苏联钻具

4.4.1 前苏联钻具的规格系列

前苏联钻具的规格系列见表 4-5。

表 4-5　前苏联钻具的规格系列　　　　　　　　　（mm）

规格代号	孔径	扩孔器外径	钻 头 外径	钻 头 内径	外 管 外径	外 管 内径	内 管 外径	内 管 内径	钻 杆 外径	钻 杆 内径	钻杆接头 外径	钻杆接头 内径
CCK-46	46.4	46.4	46	23	41	33	30	25.6	43	33.4		
CCK-59	59.4	59.4	59	34.4	55	45	42	37	55	45.4		
CCK-76	76.4	76.4	76	48	76	60	56	50	70	60.4		
KCCK-76	76.4	76.4	76	40	73	60	48	42/33①	70	61	73②	53

① 带半合管之容纳管尺寸，用于煤层。

② 表面硬化处理，带切口，可使用拧管机。

4.4.2　前苏联 CCK-59ЭB 钻具

利用绳索取心钻具钻进能提高钻进速度，改善岩矿心的质量，但在钻进特殊岩层如强裂隙岩和软硬互层岩时，存在回次深度明显降低，取心率不足，钻进速度下降等问题。为此，前全苏勘探技术研究所和地质技术联合公司的专业设计局合作，研制了在复杂的地质情况下（强裂隙的、破碎的、松软的、弱胶结性和软硬间层岩层、可钻性为Ⅵ～Ⅺ级），为解决取心率不足、回次深度小的岩层钻进用的 CCK－59ЭB 岩心管（见图 4-10）。

岩心管总成是在 CCK－59ЭB 岩心管总成的基础上研制的，与现有的装置不同，它有保证孔底反循环的喷射器、横向岩心管振动器和预报岩心堵塞的阀堵。

根据钻进的地质条件来更换零件，可组成四种不同的岩心采集器。

（1）喷射振动滑块式（CCK- 59ЭB）——钻进强裂隙岩和软硬互层岩。

（2）振动滑块式（CK-59B）——钻进均质的强裂隙岩。

（3）喷射滑块式（CK-59Э）——钻进弱胶结性岩层。

（4）基础岩心容纳管式（CK-59Б）——钻进弱裂隙岩。

岩心管总成的基本装置之一是水力喷射泵，该喷射泵的结构参数是预先选定的，然后经过试验台试验证明与实际情况相符合。喷射系统的最佳液体流量是以保证在岩心收集管中输送岩粉和小块岩心，并使它们从岩粉管中脱出来确定的，这些测定是在试验台上用带有各种粒径岩粉塞规扩孔的"人工钻孔"中完成的。

研究结果得出：喷射水流的消耗量影响收集器中各种大小岩粉微粒的回收特性，也影响岩心采集管中的岩心在回返水流中的稳定性和携出率。在此测定的基础上，射流最佳消耗量可以保证最大的岩心采取率。

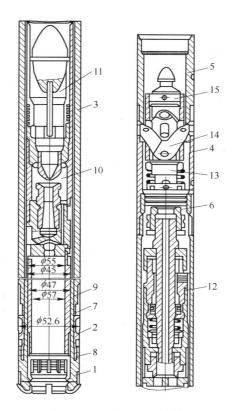

图 4-10　CCK-59ЭB 钻具

1—钻头；2—金刚石扩孔器；3—岩心管；4，5—异径接头；6—装在接头 4 内的支撑环；7—装在
金刚石扩孔器孔内的稳定器；8—绳索取心的岩心打捞器；9—岩心采集管；10—喷射器；
11—振动器；12—轴承滑块；13—阀动机构；14—定位器；15—回收部件

4.5　日本绳索取心钻具

日本绳索取心钻具主要有三个厂家的产品，这三家分别是日本立根公司、日本矿研公司、日本 YBM 公司。立根公司现在已经转产了，但其产品技术还在沿用。

4.5.1　日本绳索取心系列标准

4.5.1.1　日本利根公司钻具的规格系列

日本利根（Tone Boring）公司绳索取心钻具与美国长年公司 Q 规格系列基本相同，为区别美国规格系列，在 Q 后面均加一个"T"（日本利根公司的第一个字母）。他们结合日本地层与施工条件的特点，在 Q 系列中增加了 86WL 和

101WL 两种规格，并且每种规格钻具都增加了加大尺寸（Over size）的钻头和扩孔器，增大了钻杆与孔壁的环状间隙，规格系列见表 4-6。钻进某些不稳定岩层、软的煤系地层，特别是深孔并采用泥浆作为冲洗液时，采用加大尺寸钻具规格可减小冲洗液压力损失、钻具的回转阻力和升降钻具提升内管时的抽吸作用，有利于保持孔壁的稳定。

表 4-6　日本利根公司钻具的规格系列　　　　　　　（mm）

规格代号	钻孔直径	岩心直径	扩孔器直径	钻探外径	岩心管外径	钻杆外径	钻杆内径	钻杆与钻孔环空间隙
AQT	48.01	26.97	48.01	47.63	46	44.5	35	1.755
OV-AQT	49.70	26.97	49.70	49.20	46	44.5	35	2.6
BQT	59.94	36.4	59.94	59.56	57.2	55.6	46	2.17
OV-BQT	62	36.4	62	61.20	57.2	55.6	46	3.2
OV-BQT	64	36.4	64	63.20	57.2	55.6	46	4.2
NQT	75.69	47.63	75.69	75.31	73	70	60.3	2.845
OV-NQT	76.20	47.63	76.20	75.70	73	70	60.3	3.1
OV-NQT	79.00	47.63	79.00	78.00	73	70	60.3	4.75
HQT	98.40	63.5	98.40	97.50	84	88.9	77.8	4.75
OV-HQT	101.70	63.5	101.70	101.00	84	88.9	77.8	6.4

4.5.1.2　日本矿研公司绳索取心系列

日本矿研公司绳索取心钻具见表 4-7。

表 4-7　日本矿研公司钻具的规格系列　　　　　　　（mm）

规格代号		KE-Q	KA-Q	KB-Q	KN-Q	KH-Q	KP-Q
钻头	外径		47.6	59.5	75.3	97.5	116.0
	内径		27.0	36.5	47.6	53.5	82.0
扩孔器	外径		48.0	60.0	75.8	98.4	116.7
外管	外径		46.0	57.2	73.0	92.1	112
	内径		36.5	46.0	60.3	77.8	97
内管	外径		32.5	42.9	55.6	73.0	92.5
	内径		28.6	38.1	50.0	66.7	82
钻杆	外径	33.5	44.5	55.6	70.0	90.0	110
	内径	25	35.0	46.1	60.0	78.0	97
	壁厚	4.25	4.75	4.75	5.0	6.0	6.5

4.5.2 日本钻具结构

4.5.2.1 利根公司 TV 型钻具

日本利根公司 TV 型钻具用于钻进垂直孔，其双管和打捞器如图 4-11 和图 4-12 所示。其结构特点如下：

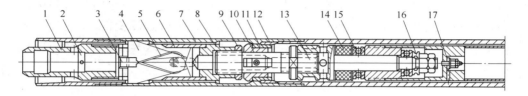

图 4-11 TV 型绳索取心钻具双管（上半部分）

1—捞筒；2—内座；3—定位销；4—弹卡板；5—张簧；6—回收管；7—弹卡室；8—弹卡架；
9—锁母；10—接头；11—悬挂环；12—座环；13—心轴；14，16—胶圈；
15—轴承；17—调节圈

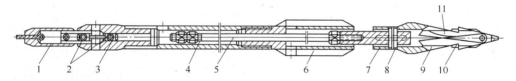

图 4-12 TV 型绳索取心钻具打捞器

1—接头；2—弹性销；3—安全销；4—重锤；5—冲击杆；6—导向接头；
7—送入套；8—销钉；9—弹卡挂钩；10—捞钩架；11—弹簧

（1）打捞机构为一弹卡挂钩（9）。内管总成顶端连接有带内台肩的（或称槽）捞筒（1），当打捞器的弹卡挂钩进入捞筒内台肩时，弹卡挂钩即可挂住内管总成。

（2）内管总成有两个调节机构。一个是调节内管上端的弹卡与外管的弹卡挡头端面之间的间隙，另一个是调节内管下端的卡簧座与钻头的台阶之间的间隙。

（3）内管保护机构采用特制胶圈（16）代替了弹簧。

（4）内管端部回水孔的大小可以通过调节圈（17）进行调节，以加快内管的下降速度。

（5）内管总成有防抽吸装置。在弹卡架（8）下部有两个横向孔，在悬挂环（11）下边的心轴（13）上有 4 个或 6 个横向孔，上下两处横向孔之间的连接套是空心的，三者之间相互连通。弹卡架上的回收管是该通道的开关。钻进过程中，回收管（6）盖住弹卡架上的横向水孔，冲洗液经悬挂环的纵向孔眼流向孔底。提升时，回收管受拉上移，弹卡架上的横向水孔被打开，一部分冲洗液可以经过上述通道流向内外管的环状间隙，减小了提升阻力。

（6）打捞器采用竖装的安全销（3）进行安全脱卡。另外，在孔内严重漏失或孔内液面很低时，还可使用打捞器送入内管总成。具体做法是：用螺丝刀将送入套（7）上的销钉（8）卸掉，把内管总成挂在打捞器上，当把内管进到预定（或液面）位置时，打捞器的弹卡挂钩不再下移（或下降速度变慢），而且上部的重锤（4）将沿着冲击杆（5）继续下移，直到冲击送入套使弹卡挂钩收拢，脱离内管总成。

4.5.2.2　利根公司 SQR 型钻具

SQR 型绳索取心钻具是钻进松软地层、煤系地层的专用工具，其结构如图4-13 所示。这种钻具的下部结构与普通钻具不同，主要增加了上牙嵌（6）、弹簧（7）、下牙嵌（8）、三层管（10）、拦簧（11）、超前钻头（12）等部件。钻进软岩或煤层时，超前钻头并不旋转，而是在钻压的作用下首先插入岩矿层，从而保护岩矿心不受冲洗液的冲蚀。超前钻头的超前距离是可调的，一般以 4～6mm 左右为宜。当钻进遇到硬岩时，超前钻头压入岩石的阻力增大，在压入阻力的作用下，弹簧（7）被压缩，越前距离变小，到一定程度时，上下牙嵌啮合，使内外管一起旋转。这样，既可以提高钻进效率，又不影响岩矿心质量。另外，拦簧由 4～6 个薄弹簧片组成，岩矿心一旦进入拦簧，即不易掉出，因而能提高岩矿心采取率。

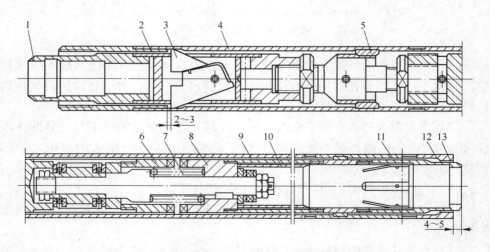

图 4-13　SQR 型绳索取心钻具双管

1—提引接头；2—回收管；3，7—弹簧；4—弹卡室；5—座环；6—上牙嵌；
8—下牙嵌；9—内管；10—三层管；11—拦簧；12—超前钻头；13—钻头

4.6 比利时迪阿蒙·博特公司钻具

4.6.1 比利时迪阿蒙·博特（Diamant·Boart）公司钻具的规格系列

比利时迪阿蒙·博特公司钻具的规格系列分为三种，即标准系列、薄壁系列和厚壁系列。标准系列的钻具规格和 Q 系列相同。薄壁系列钻具和标准钻具的规格对比见表4-8。薄壁钻具主要用于钻进坚硬岩石，它减小了岩石的环状切割面积，可以提高钻进速度，降低钻头成本。厚壁系列钻具的规格见表4-9，它增加了钻杆壁厚，提高了钻杆强度，用于钻进破碎地层或深孔时可以减少钻杆事故。

表4-8 比利时迪阿蒙·博特（Diamant·Eoart）公司钻具的规格系列（mm）

规格代号	钻　头		扩孔器外径	岩心直径	钻　杆		
	外径	内径			外径	内径	单位质量/kg·m^{-1}
ADB·G ADB·GS （AQ）	47.6	27	48	27	44.5	34.9	4.6
ADB·GM ADB·GMS （薄壁）	47.6	30.3	48	30.3	44.5	38.3	3.8
BDB·G BDB·GS （BQ）	59.6	36.4	60	36.4	55.6	45.9	6
BDB·GM BDB·GMS （薄壁）	59.6	42	60	42	56.5	48.8	5
NDB·G NDB·GS （NQ）	75.3	47.6	75.7	47.6	70	60.3	7.7
NDB·GM NDB·GMS （薄壁）	75.3	57.1	75.7	57.1	73	64.3	7.4

表4-9 比利时迪阿蒙·博特公司厚壁系列钻具的规格　　　　（mm）

规格代号	钻　头		扩孔器外径	钻　杆	
	外　径	内　径		外　径	内　径
BDB·GR	59.69	32.21	60.07	53.6	33.5
NDB·GR	73.44	41.90	75.32	69.9	54
HDB·GR	93.73	57.50	95.27	83.9	70
PDB·GR	122.3	89.90	122.81	114.3	95

4.6.2　比利时迪阿蒙·博特公司钻具结构

比利时迪阿蒙·博特公司钻具和我国 JS56 钻具结构基本相同。它的主要特点是只需更换个别零件即可用于钻进水平孔和仰孔，其次是具有专用的干孔送入机构。

（1）钻进水平孔和仰孔的钻具的双管和打捞器如图 4-14 和图 4-15 所示。由图 4-14 和图 4-15 可见，钻进垂直孔的钻具只需更换内管总成的捞矛头和打捞器就可以用于钻进水平孔和仰孔。钻进水平孔和仰孔时，一般采用具有较大通孔直径的水龙头，配有专用的孔口密封装置。该公司的孔口密封装置如图 4-16 所示，左图是泵入接头，右图为打捞接头。其操作过程及工作原理如下：把内管总成通过水龙头放入钻杆柱，拧上泵入接头，用冲洗液压送内管总成，当到达预定位置时，在内管总成的胶圈处，外管接头有较大的内径，以允许冲洗液流过。同时，两片弹卡间的定位销可以防止弹卡收拢而造成内管总成向外窜动。单向球阀既可

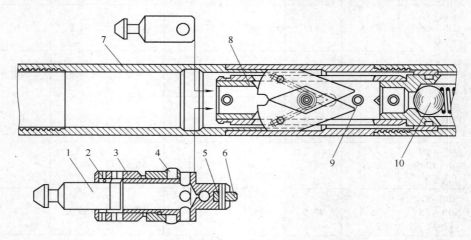

图 4-14　迪阿蒙·博特公司钻具双管（上半部分）

1—捞矛头；2—弹簧；3—压盖；4—胶圈；5—内接头；6—定位销；

7—外管接头；8—内套；9—脱卡销；10—球阀

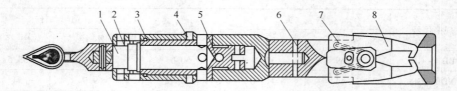

图 4-15　迪阿蒙·博特公司钻具打捞器

1—活动接头；2，7—弹簧；3—锁紧盖；4—胶圈；5—内管；6—安全销；8—打捞钩

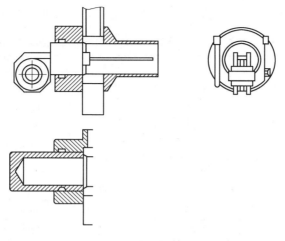

图 4-16 孔口密封装置

起到位报信作用，又可以防止地下水使弹卡脱开。捞取岩心时，卸下泵入接头换上打捞接头，放入打捞器，由冲洗液把打捞器送到内管总成上端，打捞器抓住内管总成的捞矛头后，向外提拉打捞器，首先，捞矛头压缩弹簧上移，给冲洗液打开一条下泄通道，随后由内套带动定位销和脱卡销上移，从而使弹卡收拢，把内管总成打捞出来。

（2）干孔送入机构如图 4-17 所示，它由捞矛头（1）、弹簧（2）、弹簧套（3）、限位套（4）、弹性挂钩（5）等组成。当钻进干孔或严重漏失钻孔时，内管总成借助钢丝绳、打捞器和干孔送入机构，通过钻杆柱下放到外管总成中而被卡住。然后由绳索取心绞车向上提拉打捞器和送入机构，使弹簧套压缩弹簧并带动限位套上移至弹簧挂钩的台阶处，这时，弹性挂钩向外扩张，释放内管总成，从而和打捞器一起被提升上来。如果内管总成没有到位，则送入机构不能脱开。所以，使用该机构可以确保内管总成到位。

4.7　加拿大绳索取心钻具

　　加拿大绳索取心钻具主要以加拿大波依尔兄弟公司的钻具为代表，其结构形式同美国绳

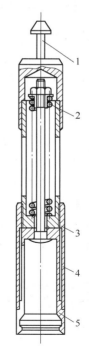

图 4-17　干孔送入机构
1—捞矛头；2—弹簧；3—弹簧套；
4—限位套；5—弹性挂钩

索取心钻具差不多，这里不再赘述。其常用型号规格系列见表4-10。

表4-10　加拿大波依尔兄弟钻探公司绳索取心钻具规格系列　　（mm）

规格代号		AXAWL	BXAWL	NXAWL	HXAWL
钻头	外径	48.64	59.56	75.31	98.82
	内径	30.10	36.37	48.64	71.42
扩孔器	外径	49.02	59.94	75.69	99.21
外管	外径	46.02	57.15	73.03	95.25
	内径	38.10	48.41	60.33	85.73
内管	外径	34.93	44.45	57.15	79.37
	内径	31.75	38.10	50.80	73.03
钻杆	外径	46.02	57.15	73.03	95.25
	内径	38.10	48.41	60.33	84.15
	壁厚	4.0	4.37	6.65	5.55

4.8　澳大利亚明德利尔公司钻具

澳大利亚明德利尔（Mindrill）公司18型绳索取心钻具双管和打捞器如图4-18和图4-19所示。其主要结构特点如下：

（1）采用球卡定位，并具有到位报信装置。到位报信装置由图4-18中的弹簧（3）、定位套（4）、阀体（8）等零件组成。内管总成下放时，阀体的粗径台阶在挂簧内，而球卡（6）位于阀体的小径位置，阀门处于关闭状态，如图4-20a所示，冲洗液由悬挂环与钻杆间的环状间隙流过。当内管到达预定位置时，悬挂环坐落在座环上，内外管的环状间隙被堵塞，冲洗液改变流向，克服挂簧的力量向下推动阀体，球卡进入球卡室，使阀门打开，如图4-20b所示。此时，若泵压表上的指示压力升高，冲洗液循环正常，则表明内管总成已到位，如果水路不通，则说明内管总成还不到位。打捞时，向上的拉力使阀体粗径台阶进入挂簧并压缩弹簧继续向上运动，直至挂簧上移到上接头的内台阶处，这时，球

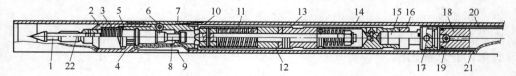

图4-18　18型绳索取心钻具双管

1—捞矛头；2—顶盖；3，11—弹簧；4—定位套；5—挂簧；6—球卡；7—座环；8—阀体；9—球卡室；
10—滑套；12—调节圈；13—轴承；14—外管；15—调节轴；16—锁母；17—内管接头；
18—泵出活塞；19—钢球；20—内管；21—半合管；22—脱卡套

卡缩回，阀门超过关闭位置重新打开，以减小提升阻力，如图4-20c所示。

（2）岩心堵塞报信采用机械方法，它由图4-18中的滑套（10）、弹簧（11），调节圈（12）等组成。当发生岩心堵塞时，岩心对内管总成产生顶推力，弹簧受压，滑套上移，将冲洗液的通道封闭，造成泵压升高。滑套的上移可由调节圈进行调整。

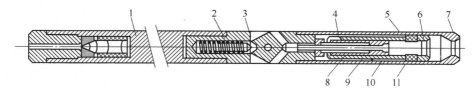

图4-19　18型绳索取心钻具打捞器

1—重锤；2—缓冲簧；3，8—弹簧套；4—弹簧；5—下钩块；6—内捞筒；
7—外捞筒；9—内套；10—上钩块；11—弹性胶圈

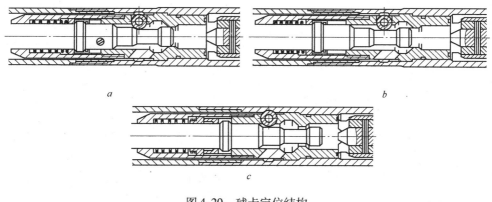

图4-20　球卡定位结构

a—下放状态；b—钻进状态；c—打捞状态

（3）打捞器为捞筒式，它的安全脱卡机构由图4-19中的弹簧（4）、弹簧套（8）、上钩块（10）、下钩块（5）、内捞筒（6）等零件组成。正常打捞时，捞矛头挂在下钩块上。当打捞内管总成遇阻时，向上拉力使内套压缩弹簧和外捞筒一起相对内捞筒向上移动，直至内捞筒座在外捞筒的内台阶上；这时，上钩块在弹性胶圈的作用下卡在内套的下端；然后放松钢丝绳，打捞器向下移动，直至下钩块抱住捞矛头下部的脱卡套（22）。向上提升打捞器，下钩块抱着脱卡套向上运动至捞矛头的台阶处，因脱卡套的外径大于捞矛头直径，故使得打捞器与内管总成脱离，实现安全脱卡。

5 绳索取心钻杆

5.1 绳索取心钻杆的功用及性能要求

5.1.1 绳索取心钻杆的功用

绳索取心钻杆除具有普通钻杆的功用外，还必须能在钻杆柱内升降打捞器和内管总成以获取岩矿心。具体功用如下：

（1）传递扭矩；

（2）传递压力；

（3）输送冲洗介质；

（4）输送堵漏浆液；

（5）更换钻头；

（6）作为测斜通道（非磁性测斜仪）；

（7）输送内管总成；

（8）输送打捞器；

（9）输送孔底马达用动力介质；

（10）作为孔底动力马达的反扭矩装置；

（11）传递孔内部分信息如地层软硬、破碎程度、溶洞老隆等，以及部分孔内事故信息等。

所以，绳索取心钻杆既要和普通钻杆一样在钻进过程中能够承受拉伸、压缩、扭转、弯曲应力及冲击载荷，又要满足捞取岩心的需要。

5.1.2 对绳索取心钻杆的性能要求

绳索取心钻杆应能满足下列性能要求：

（1）为保证内管总成在钻杆柱内升降畅通无阻，钻杆内径要求尽可能增大。

（2）为了使冲洗液循环正常，应尽可能增大内管总成与钻杆柱间的环状间隙，同时尽可能增大钻杆柱和孔壁间的环状间隙。为此，要求绳索取心钻杆壁厚要薄，且内外平直，特别是钻杆内壁要平或基本内平，利用石油钻杆改制的绳索取心钻杆过渡断面必须具有合理的过渡倒角。

（3）为保证钻杆壁薄情况下的强度要求，要求钻杆材质要好，特别是屈服极限强度要高。

（4）钻杆直径大，外表面与孔壁间隙小，因此，钻杆应耐磨损，表面硬度要高。

（5）绳索取心钻头壁厚，一般比普通双管钻头约厚20%，钻进时需要压力较大。因此，钻杆应能承受更大的压扭应力，尤其是螺纹连接部分，要求钻杆螺纹应具有一定的强度，而且不易变形，以免影响内管总成和打捞器的升降。

（6）钻杆平直度和同轴度要符合要求，这样一方面便于内管总成和打捞器的升降，另一方面防止钻杆偏磨。

（7）钻杆与孔壁间隙小，冲洗液循环阻力大，泵压高，因此，钻杆应具有较好的密封性能。

钻杆是绳索取心钻进技术的关键，为了使钻杆能满足绳索取心钻进工艺要求，延长其使用寿命，因此在钻杆的设计、加工、材料选取和操作使用方面必须采取必要的技术措施。

5.2 绳索取心钻杆的设计

目前，限制绳索取心技术钻孔深度的关键问题就是绳索取心钻杆的质量，钻杆是绳索取心钻进技术的关键。国内外根据绳索取心钻杆在孔内的受力状态及绳索取心钻进对钻杆的性能要求，在钻杆材质、钻杆螺纹、钻杆结构形式及热处理等方面进行了不断地研究和改进。

5.2.1 钻杆材质

绳索取心钻杆应选用具有下列性能的优质管材：

（1）屈服强度高，不易弯曲、变形；

（2）冲击韧性好，不易发生脆性断裂；

（3）表面硬度高，耐磨性好。

国内外一般采用屈服强度大于 $65kg/mm^2$ 和抗拉强度大于 $80kg/mm^2$ 的中低碳铬锰钼合金结构钢，如钻杆具有公母螺纹接头，其材质应优于钻杆体。国内绳索取心常用钻杆材质的化学成分和力学性能见表5-1。

目前，我国绳索取心钻杆具有公母螺纹接头，钻杆体普遍采用综合力学性能较好的 45MnMoB，公母螺纹接头采用经过调质处理的 30CrMnSiA 或 45MnMoB。

5.2.2 钻杆螺纹

绳索取心钻杆壁薄的特点决定了螺纹连接处是钻杆柱最薄弱的环节。因此，选择合理的螺纹类型和螺纹技术参数，对提高钻杆螺纹连接强度十分重要。

5.2.2.1 螺纹类型

钻杆螺纹有两种基本类型：一种是圆柱梯形螺纹，另一种是圆锥梯形螺纹。由于圆柱梯形螺纹具有加工和维修方便等优点（见图5-1），在1975年地质系统

表5-1　常用绳索取心钻杆材质的化学成分及机械性能

种类	化学成分/%											热处理状态	机械性能			备注
	C	Si	Mn	Cr	Mo	B	Nb	V	Ti	P	S		σ_b /kg·mm^{-2}	σ_s /kg·mm^{-2}	δ_5 /%	
45MnMoB	0.41~0.49	0.17~0.37	0.90~1.20		0.20~0.30	0.001~0.005				≤0.04	≤0.04	正火	85~95	60~70	13~20	北京钢厂
30CrMnSiA	0.27~0.34	0.90~1.20	0.80~1.10	0.80~1.10			0.06			≤0.04	≤0.04	正火	75	55	12	北京钢厂
40Mn2MoVNb	0.38~0.45	0.20~0.35	1.5/1.8		0.20~0.30		0.05~0.10	0.06~0.12		≤0.04	≤0.04	正火	85~95	65~75	15~20	鞍钢
85MnMoVTi	0.32~0.40	0.17~0.37	1.40~1.70		0.40~0.60			0.04~0.10	0.03~0.06	≤0.04	≤0.04	正火	98	84	15.9	重钢三厂
27MnMoVB	0.22~0.32	0.17~0.37	1.20~1.60		0.30~0.50	0.001~0.005		0.08~0.15	≤0.02	≤0.04	≤0.04	正火	86.5	74	18.8	重钢三厂

试验绳索取心时，曾采用过此种螺纹连接，但由于这种螺纹拧紧时接触面积小、间隙大、强度低，使用过程中经常发生公螺纹收口、母螺纹胀开和公母螺纹根部折断的现象。后来改为圆锥梯形螺纹连接，如图5-2所示，使钻杆强度大大提高。实践证明，圆锥梯形螺纹与圆柱梯形螺纹相比具有下列优点：

（1）由于钻杆在孔内工作时，螺纹根部为危险断面，而圆锥梯形螺纹根部壁厚，所以增加了螺纹强度。

（2）圆锥梯形螺纹拧紧时，接触面积大、间隙小，不但使螺纹受力均匀，传递扭矩大，而且密封性能好，可减少冲洗液漏失。

（3）大螺矩的圆锥梯形螺纹拧卸方便，而且具有自定心的特点，可以减少螺纹的拧卸磨损。

由于圆锥梯形螺纹具有上述优点，国内外绳索取心钻杆均采用了圆锥梯形螺纹连接。

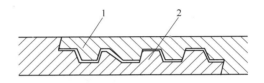

图 5-1　圆柱梯形螺纹连接

1—母螺纹；2—公螺纹

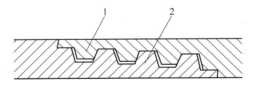

图 5-2　圆锥梯形螺纹连接

1—母螺纹；2—公螺纹

5.2.2.2　螺纹技术参数

圆锥梯形螺纹的主要技术参数包括：螺纹直径、螺纹长度、螺纹锥度、齿高、齿形角、螺距、密封角、齿间隙等。在确定螺纹技术参数时，应考虑下列主要因素。

（1）公母螺纹根部危险断面面积基本相等，因母接头外表面易磨损，一般母螺纹根部危险断面略大于公螺纹。

（2）在保证螺纹根部强度的前提下，螺纹端部应具有一定壁厚，以防螺纹端部变形。

（3）既要使螺纹齿底具有一定壁厚，又要保证公母螺纹在使用过程中不易滑扣。

（4）要使螺纹具有一定的传扭能力和良好的密封性能，便于拧卸和机加工。常用绳索取心钻杆的螺纹扣形如图5-3所示，螺纹技术参数见表5-2。

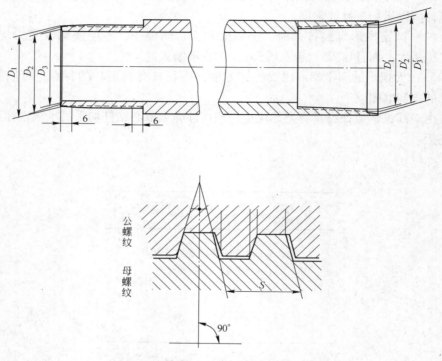

图5-3　常用绳索取心钻杆的螺纹扣形

5.2.2.3　螺纹设计中的几个技术问题

随着我国钻杆螺纹机加工水平的日益提高，在绳索取心钻杆螺纹的设计中应注意以下几点：

（1）提高螺纹光洁度和精度要求。齿顶和齿侧加工表面光洁度不低于▽5，齿底不低于▽5（国外一般齿顶和齿侧为▽8，齿底▽6），螺纹尖角部分全部倒圆，齿顶 R 0.2 ~ 0.3mm，齿底 R 0.11 ~ 0.2mm，不完整扣长度的 1/2 沿螺纹底径切线方向倒平，以消除应力集中，避免螺纹拧卸时粘扣咬扣等。

（2）严格控制公母螺纹的长度公差。一般母螺纹稍长于公螺纹（0 ~ 0.3mm），这样，在正常钻进时使公母螺纹形成双止动连接，增强传扭能力。如果钻杆负荷超过其强度极限，例如发生卡钻事故，母螺纹端部首先凸起变形，不仅易于发现，而且不影响内管总成和打捞器的升降。

表 5-2 绳索取心钻杆螺纹技术参数

规格代号	公螺纹/mm				母螺纹/mm				螺距/mm	螺纹锥度	
	外径 D_1	内径 D_2	端部 D_3	齿顶宽 m	外径 D'_1	内径 D'_2	端部锪孔 D'_3	齿顶宽 m'		公螺纹	母螺纹
φ43	39±0.025	37±0.025	36.9±0.05	2.726	40.3±0.025	38.3±0.025	40.4±0.05	2.741	6	1:30k5±1'30"	1:30k5±1'30"
φ53	49±0.025	47±0.025	46.9±0.05	3.726	50.4±0.025	48.4±0.025	50.5±0.05	3.741	8	1:30k5±1'30"	1:30k5±1'30"
φ55.5	50.93±0.025	49.43-0.05	49.33±0.05	3.791	52.38±0.025	50.88+0.05	52.98±0.05	3.806	8	1:28k5±1'30"	1:32k5±1'30"
φ71	66.15±0.025	64.65-0.05	64.55+0.05	3.791	67.60±0.025	86.10+0.05	67.20±0.05	3.805	8	1:28k5±1'30"	1:32k5±1'30"

（3）螺纹端部必须具有15°的密封角。这样不仅具有密封作用，而且可以防止发生公螺纹收口和母螺纹呈喇叭口状的现象。

（4）保证公母螺纹拧紧时有一定的手拧紧密距（以1~1.5mm为宜）。可以通过公母螺纹的内外径公差和公母螺纹的不同锥度进行控制，如直径71mm钻杆公螺纹锥度1:28，母螺纹锥度1:32。这样，公母螺纹拧紧时，在螺纹大端一定范围内产生过盈，从而增强螺纹连接的刚性，改善螺纹的受力状态。

5.2.3　钻杆的结构形式

为了提高公母螺纹连接处的强度和耐磨性，国内外采用了不同的钻杆结构形式，归纳起来主要有三种：一是在钻杆体上直接加工公母螺纹（即螺纹直接连接），二是螺纹黏结公母接头，三是焊接公母接头。

5.2.3.1　直接加工公母螺纹的钻杆

在钻杆两端直接加工公母锥螺纹，如图5-4所示。这种结构的钻杆具有螺纹数量少、加工简便、同轴度好等优点，因而至今仍被各国广泛采用。但其管壁较厚（美国长年公司 Q 系列钻杆壁厚4.8mm），并且在机加工前需要经过热处理（正火＋回火或淬火＋回火）以使其具有足够强度。此外，为了提高母螺纹端的耐磨性，外表面长100~200mm处镀硬铬或镀镍磷化处理。日本利根公司在母扣端100mm的表面进行镀镍磷化处理工艺是：在90~95℃含镍、磷化学镀液中（镍90%~92%，磷8%~10%，密度为7.8~7.9g/cm³）浸泡120min，形成0.03mm的镀层，然后在350~450℃温度下进行热处理，镀层硬度达HRC65。尽管如此，生产实践证明，这种钻杆螺纹连接处使用寿命与钻杆体相比仍较短，往往因螺纹的损坏而造成钻杆提前报废。因此，需要进一步提高螺纹连接处的强度和耐磨性。

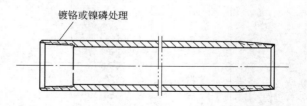

图5-4　直接加工公母螺纹的钻杆

5.2.3.2　螺纹黏结公母接头的钻杆

钻杆体两端车公扣，在其一端黏结两端母螺纹的接头，另一端黏结一端母螺一端公螺纹的接头，其结构如图5-5所示。

黏结剂分两大类：一类是有机黏结剂，如"环氧树脂"、"914"等；另一类

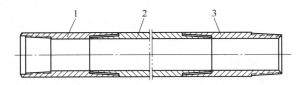

图 5-5　螺纹黏结公母接头的钻杆

1—母接头；2—钻杆体；3—公接头

是无机黏结剂。两类黏结剂配方及黏结工艺见表 5-3 ~ 表 5-5。

表 5-3　环氧树脂黏结剂配方及黏结工艺

组分	配比（质量比）	黏结工艺	黏结性能
环氧树脂（618）	100	黏结前应除锈、去油。清除干净后，将黏结剂均匀地涂抹在公螺纹的 1 ~ 3 扣处，用量应适当。室温黏结，48h 硬化	剪切强度 338kg/cm^2 扯离强度 472kg/cm^2
聚酰胺（203）	100		
石英粉（0.074mm）	40		

表 5-4　"914"黏结剂配方及黏结工艺

组分	配方	黏结工艺	备注
A∶B	6∶1（质量比）5∶1（体积比）	（1）将螺纹清洗干净，去油、除锈。（2）把两组分挤在干净的容器内或纸片上，迅速调匀，立即黏结。（3）室温一小时可固硬，三小时基本完全固化	天津延安化工厂出品，A、B 两组分别装在两袋中

表 5-5　无机黏结剂配方及黏结工艺

组分及配方	黏结工艺	备注
$Al(OH)_3$∶H_2PO_4＝7g∶100mL 溶液∶CuO（粉）＝1mL∶3.5g	（1）将螺纹清洗干净、去油、除锈。（2）黏结剂调合均匀，每次用胶量不宜过多，用后将铜板清洗干净，并用棉纱擦干再调。（3）室温下 40 ~ 50h 黏结剂凝固。	将氢氧化铝和磷酸按比例配好用电炉煮成透明溶液装瓶备用

黏结时，先将调和好的黏结剂均匀地涂抹在公螺纹的上半部分，并采用机械

方法将公母螺纹拧紧，使拧紧力矩超过钻杆工作扭矩，如直径53mm钻杆黏结螺纹扭矩应达到80～100kg·m。然后，检查钻杆内壁，如发生黏结剂堆积，应及时清除干净。

螺纹黏结钻杆与直接加工螺纹钻杆相比，主要具有下列特点：

（1）钻杆体壁较薄（一般4.5mm），两端车公螺纹，既可保证螺纹齿底壁厚，又便于加工。

（2）加大了公母接头壁厚（一般比钻杆壁厚1mm），提高了机加工精度，而且选用优质管材，经过调质（调质硬度 HRC28～32）、镀硬铬（镀层厚0.10mm），所以其强度高，耐磨性好。

（3）采用黏结和螺纹连接相结合，可以增加配合表面间的摩擦力，减小螺纹连接的滑移量，相对提高了钻杆的抗扭矩和疲劳强度，同时也增强了密封性能。

（4）公母螺纹接头损坏后便于更换。

目前，螺纹特接钻杆虽被广泛使用，但是这种钻杆存在着螺纹加工量大（每根钻杆6个螺纹）、黏结剂抗冲击性能差、钻杆体螺纹强度低等缺点，需要进一步提高公母螺纹接头与钻杆体的连接强度。

5.2.3.3　焊接公母接头的钻杆

在钻杆体两端分别焊接一个公接头和一个母接头，如图5-6所示。焊接钻杆除了具有螺纹黏结钻杆的优点外，还具有螺纹数量少、公母接头与钻杆体连接强度高，钻杆体可采用普通碳素钢制作和减小其壁厚等优点，从而减轻质量，节省钢材，降低成本。

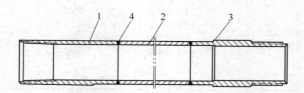

图 5-6　焊接公母接头的钻杆
1—母接头；2—钻杆体；3—公接头；4—焊缝

目前，绳索取心钻杆采用的焊接方法主要有两种，即等离子弧焊接和摩擦焊接。

（1）等离子弧焊接。等离子弧焊接设备主要有等离子弧焊机和产生等离子弧的焊枪，其基本原理如图5-7所示。工作气体（氩气）通过喷嘴时，在三大效应（机械效应、热收缩效应、磁收缩效应）的作用下发生电离，从而在电极和工件之间产生以弧柱压缩程度较强、气流喷出速度较大、温度较高（16000～

33000℃）为主要特点的等离子弧，将等离子弧对准钻杆体与接头的接触面，则使金属熔化。与此同时，钻杆体和接头以等速旋转，并施加一定的轴向压力，旋转一用即把二者焊接在一起。1977 年以来，勘探技术研究所与张家口探矿机械厂和航空工业部六二五所协作，先后研制成功了直径 53mm×4.5mm（外径×壁厚）和直径 71mm×5mm 两种规格的等离子弧焊接钻杆。钻杆体和公母接头分别采用 45MnMoB 和 30CrMnSiA。直径 53mm 钻杆的等离子弧焊接规范参数见表5-6。

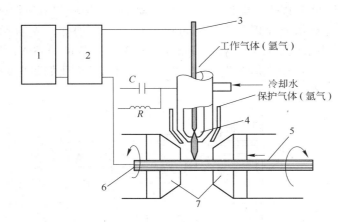

图 5-7 等离子弧焊接原理示意图
1—焊接电源；2—等离子弧焊机；3—电极；4—焊枪；
5—钻杆体；6—接头；7—焊接夹具

表 5-6 等离子弧焊接规范参数

网路电压/V	380	离子气 Q_{JL}/L·min^{-1}	1.54
空载电压/V	90	喷嘴至工件距离/mm	6~7
激磁电流/A	1.15	电弧电压/V	30
离子气 Q_r/L·min^{-1}	0.67	焊接电流/A	130~138
正面保护气/L·min^{-1}	20	反面保护气/L·min^{-1}	10
焊接速度/mm·min^{-1}	151~252	预热电流/A	40

等离子弧焊接方法具有焊接温度高、能量集中、焊缝窄、热影响区小、焊接变形小、不开坡口、不加焊料、单面焊双面成型等特点。用于焊接薄壁的绳索取心钻杆，焊接速度快，焊缝成型好，焊缝经过热处理消除焊接内应力，其强度可达到母体的 85%。室内性能试验和野外生产试验都证明：焊缝强度可以满足绳索取心钻进工艺要求。但是，也存在着焊接参数不易调节、焊接工艺再现性差、焊缝易出现气孔等缺点。

（2）摩擦焊接。利用接头和钻杆体相对运动摩擦生热的方法，把公母接头与钻杆体焊为一体，焊接原理如图 5-8 所示。它是在专用的摩擦焊机上进行的。将接头用卡头夹持住，由焊机主轴带动旋转，把钻杆体夹紧在滑台上，在液压缸的推动下，施加摩擦压力和顶锻压力。由于摩擦生热，使钻杆体和接头的接触面处于熔融状态，在一定的压力作用下，把钻杆体和接头焊接在一起。摩擦焊接具有焊接速度快、生产效率高（焊接一个直径 53mm 接头仅需 10s）、焊缝质量好，不会产生氧化皮、气孔、未焊透等缺陷，以及设备和技术工艺简单，操作简便、安全等优点，1974 年以来，摩擦焊广泛用于焊接石油钻杆和地热钻杆。近年来，长春地质院校与哈尔滨焊接研究所和苏州探矿工具厂协作，先后对直径 46mm（40Cr + 40Cr）小口径钻杆及直径 53mm（45MnMoB + 30CrMnSiA）绳索取心钻杆进行了摩擦焊接工艺试验研究，焊接过程中主要参数变化如图 5-9 所示。

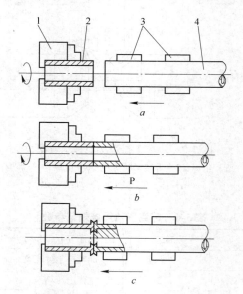

图 5-8　摩擦焊接原理示意图
a—钻杆体向旋转着的接头平移；b—钻杆体摩擦面与接头摩擦面接触；
c—钻杆体与接头焊为一体
1—焊机卡头；2—钻杆接头；3—活动夹持块；4—钻杆体

摩擦焊钻杆经过室内性能和钻孔模拟试验证明：焊接接头强度大于螺纹黏结头强度。

这种焊接方法用于焊接薄壁绳索取心钻杆存在着焊缝热过渡区强度较低（需进行热处理），因焊缝内外飞边大，使焊接公母接头与钻杆体不易同轴等缺点。

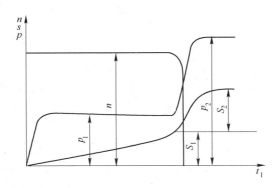

图 5-9　焊接过程中主要参数变化

n—转速，r/min；p_1—摩擦压力，kg/mm²；p_2—顶锻压力，kg/mm²；

S_1—摩擦变形量，mm；S_2—顶锻变形量，mm；t_1—摩擦时间

（3）焊接钻杆同轴度。由于焊接热变形经常使公母接头与钻杆体同轴度偏差，在钻杆使用过程中造成公母接头偏磨。因此，必须采取相应的技术措施，尽量减小焊接钻杆同轴度偏差。一是采用平直度好、内外径公差小的管材；二是采用对中性好、刚性大的焊接胎夹具；三是焊后进行严格矫直。目前，国内外测量焊接钻杆的同轴度采用了不同方法。张家口探矿机械厂采用了 V 形块检测法，如图 5-10 所示。将钻杆体两端距焊缝 10mm 处支承在两个 V 形块上，钻杆一端轴向定位，把两个 V 形块支承截面的中心线作为公共基准轴线，用千分表分别测量 V 形块支承处钻杆体圆柱面径向跳动和接头距焊缝 10mm 处及接头端部止口处圆柱表面的径向跳动。钻杆体旋转一周，每个被测截面处千分表最大与最小读数之差即为该截面的径向跳动值。显然，径向跳动值包括测量截面的形状误差，因此必须排除形状误差的影响，测量并计算出接头与钻杆体的同轴度偏差。根据国内外经验来看，接头对钻杆体的两轴度偏差应小于 0.40mm（美国长年公司等

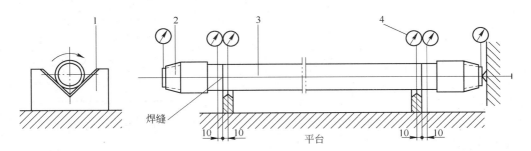

图 5-10　等离子弧焊接钻杆的同轴度检验

1—刀口状 V 形块；2—钻杆接头；3—钻杆体；4—千分表

离子弧焊接钻杆为 0.38mm），否则，焊接钻杆在孔内工作时易发生偏磨。

5.2.4　钻杆的热处理

对于中低碳优质合金结构钢来说，热处理是提高其综合力学性能的最经济有效的方法。如 30CrMnSiA 经过调试处理后，力学性能几乎提高一倍。所以，绳索取心钻杆和接头主要是通过热处理来提高其强度和耐磨性的。

5.2.4.1　钻杆体热处理

绳索取心钻杆一般采用冷拔无缝钢管，钢管在出厂前应进行调质处理。如日本山和钢管厂生产的 STM - 90 钢管，出厂前经过感应热处理（淬火温度 850 ~ 860℃，回火温度 580 ~ 630℃，淬火剂为水加某种药品的混合液）和严格矫直，其屈服强度达到 $75kg/mm^3$，抗拉强度 $90kg/mm^2$，不直度为 0.30mm/m。目前，我国钢管厂生产的冷轧无缝钢管一般是正火状态交货，强度较低，钻杆使用寿命较短，而且不能满足破碎地层和深孔钻进的需要。为了提高钻杆的强度等级，北京钢厂等单位对绳索取心常用管材 45MnMoB 钢管成功地进行了中频调质处理试验，使其屈服强度由原来的 $60 ~ 70kg/mm^2$ 提高到了 $80 ~ 90kg/mm^2$。

5.2.4.2　公母接头热处理

螺纹黏结钻杆和焊接钻杆的公母接头在机加工前要进行调质处理（硬度 HRC28 ~ 32），材质硬度不宜过高，否则不易机加工。常用接头料 30CrMnSiA 和 45MnMoB 调质工艺和调质后的力学性能见表5-7。调质处理主要是提高公母接头强度，但对硬度的提高有限。为了提高接头的表面硬度和耐磨性，还必须进行高频淬火、镀硬铬等。如张家口探矿机械厂生产的等离子弧焊接钻杆对公母接头表面进行如下处理：

表 5-7　30CrMnSiA、45MnMoB 调质工艺

钢　种	热处理	温度 /℃	保温时间 /(h：min)	介质	硬度 （HRC）	力 学 性 能		
						σ_b /kg·mm^{-2}	σ_s /kg·mm^{-2}	δ_5 /%
30CrMnSiA	淬火	880	0：8	油	50	120	110	10
	回火	520	1：30	油	30 ~ 32			
45MnMoB	淬火	850	0：40	油		≥95	≥85	≥12
	回火	500 ~ 600	1	油或空气	28 ~ 32			

（1）公母接头外圆表面高频淬火，淬火硬度 HRC50 ~ 55，淬火深度 0.70 ~ 1.0mm。

（2）公螺纹齿顶高频淬火，淬火硬度 HRC50 ~ 55，淬火深度 0.1 ~ 0.30mm。

（3）母接头外因表面镀硬铬，厚度 0.10 ~ 0.15mm。

这样不仅提高了公母螺纹接头的耐磨性，而且增加了镀铬层的厚度，减少了公母螺纹拧紧时的黏滞作用，降低了母接头外表面的摩擦系数，从而延长接头使用寿命，方便拧卸减小钻杆回转阻力。

5.3 绳索取心钻杆的机加工

严格钻杆加工工艺，提高钻杆加工精度，保证钻杆加工质量，是提高钻杆强度，延长钻杆使用寿命，减少绳索取心钻进事故的重要措施。首先应根据钻杆设计图纸，编制生产工艺流程。等离子弧焊接钻杆的生产流程如图 5-11 所示。

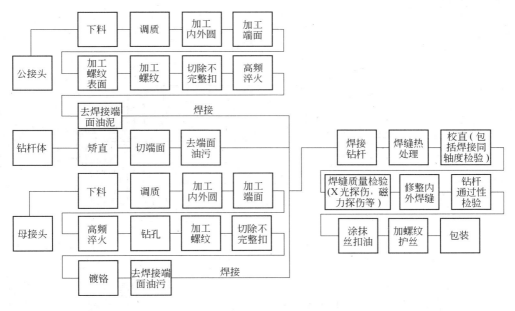

图 5-11　等离子弧焊接钻杆生产流程

在生产过程中，除了严格热处理工艺，保证热处理质量以外，最重要的是提高螺纹的加工质量。为此，必须选择合理的加工方法和加工工艺，严格保证刀具的几何形状，并使用螺纹规格逐个进行检验。

5.3.1　机加工方法

绳索取心钻杆螺纹的机加工方法基本上有三种，即车削法、旋风铣削法和自动车削法。

（1）车削法。将普通车床（如 C620 等）安装一个与钻杆螺纹锥度相等的锥度靠模，即可加工锥度螺纹。这是因为大拖板作纵向运动时，靠模推动刀架作横向运动，两个运动的合成便形成了刀架的斜线运动。此外，工件装卡时，一般采用四爪卡盘，并以内孔校正来保证内孔与螺纹的同轴度要求。这样不仅保证钻杆内平，而且使螺纹丝底壁厚均匀、强度高。车削法可以用于加工公母螺纹。

（2）旋风铣削法。将普通车床的刀架部分改装成一个铣齿器，其结构如图5-12所示。它由一台2.5～3kW的电动机带动高速旋转，工件装卡在主轴上作慢速旋转给进运动，丝杠带动床鞍及高速旋转的铣齿器作纵向给进运动，高速旋转的成型刀产生的切削运动而将工件的螺纹铣出。旋风铣削原理如图5-13所示。它主要用于铣削母螺纹。加工母螺纹接头时，需首先车削内外圆和螺纹锥面，然后铣削螺纹。它具有生产效率高，劳动强度小等优点，但加工精度低，因两次装夹，螺纹同轴度差。

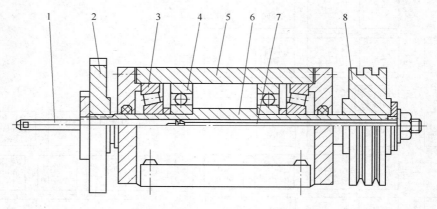

图 5-12　铣齿器结构

1—刀杆；2—飞轮；3—单列圆锥滚子轴承；4—单列向心球轴承；
5—壳体；6—主轴；7—螺栓；8—皮带轮

（3）自动车削法。由于绳索取心钻杆螺纹加工精度要求高，无论采用车削法还是铣削法都难以达到设计要求。为此，国内外广泛采用精密数控车床，由电子计算机控制螺纹各道加工工序，这样加工成的螺纹不但精度高，而且速度快。如美国长年公司4～5min加工一个螺纹接头，螺纹直径误差为±0.025mm。现在我们也已开始使用数控车床加工绳索取心钻杆螺纹，如北京冶金地质机械厂、张家口探矿机械厂都在使用数控车床进行试生产。

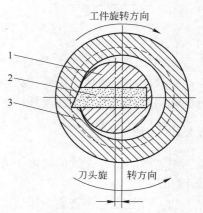

图 5-13　旋风铣削原理示意图

1—刀杆；2—刀头；3—工件

5.3.2 刀具的几何形状

提高螺纹加工精度，除了根据使用的刀具和工件的材质选择合理的切削速度外，还必须严格保证刀具几何形状。采用磨样板刀的方法检查刀具几何形状简便易行，但形状误差较大。有条件应采用专门的工具磨床磨削刀具，并用电子显微镜或投影仪进行精确测量。如日本利根公司使用投影仪在工具磨床磨削刀具，把刀具图纸放大 20 倍，按投影放大图在工具磨床上磨削刀具。一般放大图纸线条误差为 0.3mm，刀具轮廓投影误差为 0.3mm，所以工件的实际加工精度为（0.3 + 0.3）/20 = 0.03mm，加工 BQT 公螺纹的刀具投影放大图如图 5-14 所示。

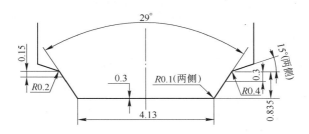

图 5-14　螺纹刀具图纸投影放大图

除此之外，安装刀具时要使用对刀规，以保证刀具安装位置正确。

5.3.3 螺纹量规检验

为了保证螺纹机加工质量和互换性，钻杆螺纹必须逐个经过螺纹量规检验。无锡钻探工具厂研制了检验直径 53mm 和 71mm 钻杆的螺纹量规，一种规格钻杆共有 8 把螺纹量规，4 把环规，4 把塞规，分别用于检验公母螺纹的锥度、齿底、齿顶宽。直径 50mm 钻杆螺纹及螺纹量规的名称、形状、使用要求、量规作用等如图 5-15 和图 5-16 所示，螺纹塞规和环规见表 5-8。

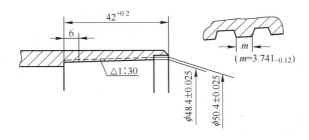

图 5-15　母螺纹

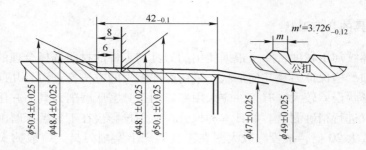

图 5-16　公螺纹

表 5-8　螺纹塞规和环规

螺　纹　塞　规		
	使用要求	塞规大端面高出产品端面 0 ~ 1.5，即产品端面应在塞规 1.5 缺口内
	量规作用	保证螺纹内孔 $\phi48.4 \pm 0.025$ 尺寸
	所刻符号	$\phi56$、$\Delta 1:30$、48.4 ± 0.025
	使用要求	塞规大端面高出产品端面 0 ~ 1.5 范围内
	量规作用	保证螺纹丝底尺寸 $\phi50.4 \pm 0.025$
	所刻符号	$\phi56$、$\Delta 1:30$、50.4 ± 0.025
	使用要求	塞规大端面低于产品端面（$\Delta \geqslant 0$）
	量规作用	保证母螺纹齿顶宽度 m 最大不大于 3.741
	所刻符号	$\phi56$、$\Delta 1:30$、50.375、$m = 3.741_{-0.12T}$
	使用要求	塞规端面高出产品端面（$\Delta \geqslant 0$）
	量规作用	保证母螺纹齿顶宽度 m 最小不小于 3.621
	所刻符号	$\phi56$、$\Delta 1:30$、$m = 3.741_{-0.12Z}$
螺　纹　环　规		
	使用要求	环规大端面离产品台阶部距离 Δ，$\Delta = 9 \pm 0.75$
	量规作用	保证螺纹外径尺寸正确性
	所刻符号	$\phi56$、$\Delta 1:30$、$D = 50.1$、$\Delta = 9 \pm 0.75$

续表 5-8

螺 纹 环 规		
螺纹丝底环规	使用要求	环规大端面离台阶部距离 Δ，$\Delta = 9 \pm 0.75$
	量规作用	保证螺纹丝底尺寸正确性
齿宽环规T	使用要求	环规端面应与产品端部相接触
	量规作用	（1）保证螺纹齿顶宽最大尺寸不大于 3.726； （2）保证退刀长度不超过 6mm
	所刻符号	$\phi56$、$\Delta1 : 30$、$D = 48.425$、$m = 3.726_{-0.12}T$
齿宽环规	使用要求	环规端面与产品端部不得接触（$\Delta > 0$）
	量规作用	保证螺纹齿顶宽 m 最小尺寸不小于 3.606
	所刻符号	$\phi56$、$\Delta1 : 30$、$m = 3.726_{-0.12}Z$

5.4 绳索取心钻杆性能试验

钻杆性能试验主要是试验钻杆螺纹连接处的抗拉、抗扭、弯曲疲劳及密封性能。

5.4.1 抗拉试验

钻杆螺纹抗拉试验一般在万能材料试验机 Wl-100 上进行。抗拉试样一般长 400mm，中间接实际的钻杆结构连接，试样两端各加一个长 40～50mm 的碳钢塞子，以免拉力机夹头把试样夹偏。几种不同规格钻杆螺纹抗拉力值见表5-9。

表5-9 钻杆螺纹的抗拉力

规 格	抗拉力/t	断裂部位
$\phi43$	26[1]	公螺纹最后一扣
$\phi53$	44[2]，33.5[1]	公螺纹最后一扣
$\phi71$	58.3[2]；46[1]	公螺纹最后一扣

[1]黏结钻杆；[2]焊接钻杆。

5.4.2 抗扭试验

钻杆螺纹抗扭试验一般在 600～1000kg·m 的扭力机上进行。其基本原理是在扭力机主轴焊接一根2m长的钢管作为力臂，在力臂端部吊一个砝码盘，钻杆一端固定在机架上，另一端与主轴连接在一起，逐渐往砝码盘上增加砝码，主轴带动试件一端旋转，而另一端固定不动，这样扭矩就可加到试件上。在主轴的后端部安装一个角度表，可以直接读出扭转角。随着扭矩的增加，使用千分表检测母螺纹接头端部的变形量。抗扭试样一般长1000mm。常用钻杆螺纹的抗扭矩值见表5-10。

表5-10　钻杆螺纹抗扭矩值

规　格	扭矩/kg·m	母扣端部变形量/mm	备　注
$\phi43$	130	≤0.20	黏结钻杆
$\phi53$	180	≤0.20	焊接钻杆
$\phi71$	300	≤0.20	焊接钻杆

5.4.3　弯曲疲劳试验

钻杆螺纹的损坏主要是弯曲疲劳造成的，因此，测定钻杆螺纹的弯曲疲劳值是很重要的。美国长年公司钻杆弯曲疲劳试验装置如图5-17所示。钻杆试样（4）长700mm，左端夹持在法兰盘（2）内，右端通过套环（5）与500mm长的垂直杆（6）和加重杆（7）连接在一起，加重杆长1300mm，一端固定为支点，另一端悬重约25kg，使钻杆右端下弯约4.8mm。当3.68kW·h的电动机以1000r/min的速度旋转时，才通过法兰盘（2）带动钻杆试样旋转，使钻杆试样承受弯曲疲劳载荷，直到折断为止。此装置通过计数器累计回转周数，并装有保护机构，钻杆试样折断时，电动机能自动停止工作。

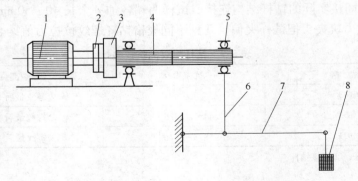

图5-17　钻杆弯曲疲劳试验装置示意图
1—电动机；2—法兰盘；3—卡盘；4—试样；5—悬重套环；6—垂直杆；
7—加重杆（左边长400mm，右边长900mm）；8—重锤

5.4.4 密封性能试验

密封性能检验原理：将三根以上钻杆连接为一组，安装在试水压装置上，公母螺纹配合处涂抹常用的钻杆丝扣油，压力水由手摇泵供给，压力值可直接从手摇泵的压力表上读出。当水压达到 60atm 时，持续 4 ~ 5min，螺纹配合处应无渗水和出汗现象。

5.5 绳索取心钻杆的使用和维护保养

在钻进过程中，合理使用钻杆并作好维护保养工作，可以减少钻杆事故，延长钻杆使用寿命。

5.5.1 钻杆常见损坏形式及其原因

绳索取心钻杆在使用过程中常见的损坏形式主要有四种，即母接头磨损、公母螺纹根部折断、母接头端部凸起变形和公母螺纹过早磨损。

5.5.1.1 母接头磨损

母接头磨损是绳索取心钻杆的主要损坏形式，其主要原因有以下几个方面：

（1）钻杆柱与孔壁环状间隙小，钻进过程中，钻杆柱在压扭应力及高速旋转所产生的离心力作用下，钻杆柱与孔壁形成多支点接触，由于钻杆内外平，螺纹连接处抗弯刚度小，所以螺纹连接处首先被推向孔壁如图 5-18 所示，使母接头外表面与孔壁岩石互相摩擦，尽管母接头外表面采取了强化措施，但因母螺纹部位壁薄（最小壁厚 1.5 ~ 2mm），仍易磨损。

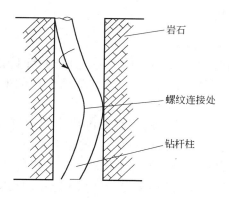

图 5-18　钻杆柱在孔内的运动状态

（2）钻杆柱在孔内受力状态十分复杂，钻进时不可能完全围绕钻孔轴线回转，尤其是钻进斜孔或发生孔斜的情况下更甚，使钻杆发生偏磨；如果母接头与钻杆体的同轴度偏差大或钻杆柱螺纹连接处严重弯曲，则往往因母接头偏磨而造成钻杆报废。

5.5.1.2 公母螺纹根部折断

一般公螺纹根部断裂较多。其主要原因如下：

（1）公母螺纹根部不仅承受的拉力最大，而且在压扭应力联合作用下产生弯曲疲劳。

（2）公母螺纹根部因断面的变化引起应力集中。

（3）钻孔结构级配不合理、钻孔超径或有空洞，使钻杆柱在孔内运动失去动平衡。

5.5.1.3 母接头凸起变形

母接头凸起变形，主要原因为钻杆柱回转阻力大，承受的压扭应力超过了母接头材料的屈服强度，如钻孔较深，冲洗液润滑性能差，钻压过大，或孔内发生卡、埋、烧钻事故后强行处理等。

5.5.1.4 公母螺纹过早磨损

公螺纹磨损的主要原因如下：

（1）螺纹表面黏附有岩粉等污物，并且不使用丝扣油。

（2）螺纹加工精度差，表面光洁度低，公母螺纹互相咬扣。

（3）使用机械拧卸，不严格遵守操作规程，如上下立根不对正，强行拧卸，或丝扣卸完不及时停机等。

钻杆以上损坏形式，固然与钻杆的设计、机加工、工作条件及受力状态等因素有关，但是，钻杆的使用不合理也是重要原因。

5.5.2 钻杆的合理使用

5.5.2.1 坚持使用丝扣油

生产实践证明：在钻杆拧卸过程中坚持使用丝扣油具有下列优点：

（1）丝扣油是在公母螺纹接触面之间有润滑作用的薄油膜，可以减少螺纹拧卸时的表面磨损。

（2）丝扣油充填在公母螺纹的配合间隙中，不仅可以提高螺纹密封性能，防止冲洗液漏失，还可以减少冲洗液对螺纹的化学腐蚀。

（3）丝扣油中含有锌、铅、铜等金属粉末，公母螺纹拧紧时，金属粉末充填在公母螺纹的接触面之间，从而增强公母螺纹连接的刚度，提高连接螺纹的极限承载能力。

（4）由于公母螺纹之间有带油的润滑剂，减小了螺纹拧卸时的摩擦力，从而减轻工人劳动强度。

根据螺纹种类、施工季节等可以采用不同的丝扣油配方，绳索取心钻杆常用丝扣油配方见表5-11。无锡钻探工具厂生产的钻杆丝扣油组分为石墨、锌、铅、铜、石蜡、锁子油、黄油、机油。根据钻孔性质及气温条件，上述丝扣油分为铅基（Pb）、铜基（Cu）两大类及适用于不同温度的四个规格，即 T0~10、T10~20、T20~30、T30~40（T0-10 表示适用于 0~10℃ 气温条件，其他以此类推）。一般钻孔可选用铅型，若钻探水井或钻进扭矩较大的情况下，应选用铜型，以避免水源污染。

表5-11　钻杆常用丝扣油配方

组　分	配比（质量比）	配后状态	备　注
黄油∶铅粉∶锌粉	2∶1∶0.5	稠糯糊状	铅粉粒度 120~180 目（0.08~0.125mm）
机油∶铅粉	3∶2	黏度大，流动慢	铅粉粒度 120~180 目（0.08~0.125mm）
沥青∶废机油	1∶1	糯糊状	夏天增加沥青比例，冬天增加机油比例

在施工现场，丝扣油应装在专门的容器内，保持丝扣油清洁，防止灰尘及其他杂物混入。提下钻时，使用毛刷把丝扣油均匀地涂抹在每根立根的公螺纹上，用量应适当。

5.5.2.2　防止钻杆弯曲

钻进过程中，钻杆弯曲不但易于引起钻具振动、孔壁坍塌、钻孔偏斜等，而且还将加速钻杆螺纹部位磨损和弯曲疲劳破坏，所以，应尽量防止钻杆弯曲。为此要做到以下几点：

（1）严格钻孔级配，采用合理的孔壁间隙，如孔内因坍塌掉块，出现空洞，应及时采取措施。

（2）钻杆下孔时，应用钻杆钳或拧管机拧紧，拧紧力矩应大于钻杆正常工作扭矩（一般得大20%~30%），以增强钻杆的连接刚性。美国长年公司绳索取心钻杆的拧紧力矩见表5-12。

表5-12　美国长年公司钻杆拧紧力矩

钻杆规格	拧紧力矩/kg·m	钻杆规格	拧紧力矩/kg·m
AQ　ACQ	85	HQ　HCQ	210
BQ　BCQ	125	PQ	350
NQ　NCQ	165		

（3）采用合理的钻压，尤其是钻头不进尺时，严禁盲目加压，否则不但易于引起钻杆弯曲，而且易使螺纹变形。

（4）钻杆立根长度以 12m 为宜，钻进直孔可增大到 15m，当其倚靠在钻塔上时，斜度不宜过大，并应在塔上工作台和立根摆放台间每隔 5~8m 安装一个支撑架。

（5）如果钻杆发生弯曲变形，变形量超过 2mm/3m，则应矫直后再继续使用。

5.5.2.3 防止钻杆螺纹变形

钻杆螺纹变形不仅影响钻杆拧卸，引起冲洗液漏失，造成烧钻事故，而且将使捞取岩心失败，所以在使用中应特别注意。

（1）钻杆下孔前应检查螺纹在运输过程中是否有损坏现象。清除公母螺纹上的粘污，并涂以丝扣油。

（2）钻杆立根摆放台必须垫放缓冲材料如木板、橡皮等，禁止螺纹端部与铁器接触。

（3）下钻时，钻杆立根应与孔内钻杆柱严格对中，防止压伤螺纹。

（4）在使用过程中，如果螺纹部位黏附泥浆、岩粉等，应及时清洗干净。

（5）拧卸时，必须使用多触点专用钻杆钳，并且扶正立根上部，避免使用普通管钳拧卸，严禁用铁锤敲击。

（6）如果钻杆螺纹发生变形，应立即替换下来进行修复，以免损伤其他钻杆螺纹。

5.5.2.4 其他

（1）每次提下钻杆注意检查母接头的磨损情况，如果母接头螺纹部分壁厚均匀磨损超过 1.2mm，应及时更换，以免钻杆断裂在孔内，造成孔内事故。

（2）使用螺纹黏结钻杆时，应检查黏结接头内径部分，如有黏结剂堆积应及时清除，必须保证内管总成和打捞器升降畅通。在拧卸过程中，发现黏结不牢的钻杆接头应重新黏结。

（3）严格遵守绳索取心钻进操作规程，杜绝孔内事故，跑钻、反钻杆、强力起拔都会严重损伤钻杆。

5.5.3 钻杆的维护保养

钻杆搬迁时，螺纹部分应拧上护丝，轻拿轻放，防止损伤钻杆。如果钻杆停止使用，应用清水洗净并擦干，钻杆外表涂防锈油，公母螺纹涂丝扣油，最好放在室内保管，钻杆应用枕木 2 ~ 3 点垫放，保持水平，排列整齐。

6 绳索取心钻头和扩孔器

6.1 概述

钻头作为破碎岩石的主要工具，是钻探工程中不可或缺的。钻头的钻进效率的高低和使用寿命的长短，是衡量钻头质量好坏的两个重要指标。在钻探成本中，钻头寿命的高低直接影响钻探效益的高低。绳索取心钻进配备有较长寿命的钻头，对充分发挥绳索取心钻进技术的优越性是至关重要的。

为此，近几十年来，为满足绳索取心钻探技术要求，国内外许多学者和专家通过不断的研究和创新，在注重提高钻头的钻进效率的同时，更注重钻头的使用寿命。特别是随着近年来钻孔深度的增加，应用绳索取心钻进时，钻头寿命这一指标显得更为重要。

近年来，随着我国矿产资源供需的增加和大量基础设施的建设，推动了钻头市场的发展，出现了许多创新性的研究成果，绳索取心钻头也不例外，除了金刚石绳索取心钻头外，还出现许多其他类型的绳索取心钻头。在胎体配方方面，改进了传统的钻头配方，研制了铁基胎体配方，制作了成本低、钻进时效高的金刚石钻头；国内研究单位尝试在金刚石钻头制造中添加如碳纤维材料和 SiC 纤维等新型材料，来提高金刚石钻头的硬度与耐磨性；史密斯公司研制了一种 GHI 热压镶嵌齿，将该 GHI 齿二次镶焊于胎体中，形成超高工作层、多种切削机理的孕镶金刚石钻头；除此之外，还有楔型齿、矩形齿、球头齿等异型复合片。同时，在钻头的唇齿面上也进行了不断地研究和改进，制作了多种异型钻头，如高低锯齿型电镀钻头、唇面交错型电镀钻头、尖齿钻头等；随着科学技术的进步，仿生学也应用到金刚石钻头的制作中，如穿山甲仿生钻头等。这些新的改进在一定程度上提高了钻头的钻进效率和使用寿命，并解决了一些在钻进中遇到的问题。

自从推广金刚石钻进以来，有关科研单位和金刚石钻头生产厂相继研究和生产制造出了较高质量的金刚石绳索取心钻头，使金刚石钻进技术取得了较快的进展。特别是金刚石钻头的平均寿命由原来的30m 左右，增加到70m 以上。表6-1是 1977～1982 年金刚石钻头寿命统计表，当时金刚石钻头的使用寿命还较低，如今金刚石钻头的使用寿命是原来的 2～3 倍，特别是近年研究的具有接力水口的高胎体金刚石钻头，其单只钻头的使用寿命可提高到原来的 7～8 倍，可大大发挥绳索取心技术的优越性。

表 6-1　1977～1982 年金刚石钻头寿命

年份	天然金刚石钻头寿命 /m	人造金刚石钻头寿命 /m	平均钻头寿命 /m	平均增长 /%
1977	—	—	21.5	100
1978	28.0	28.1	27.6	128
1979	36.3	28.8	32.5	151
1980	44.5	28.2	35.6	166
1981	46.8	30.7	36.8	171
1982 *	47.8	30.4	37.6	175

金刚石钻头的高寿命为绳索取心技术优越性的发挥创造了条件，而绳索取心又为用好金刚石钻头创造了良好的工作条件，取得了较好的技术指标，创造了优异记录（见表 6-2）。

表 6-2　某些岩石中单个金刚石钻头进尺记录

岩石名称	钻头进尺 /m	小时效率 /m·h⁻¹	岩石名称	钻头进尺 /m	小时效率 /m·h⁻¹
白粒岩	26	0.83	花岗闪长岩	191	2.00
坚硬花岗岩	42	2.14	安山岩	201	2.61
混合岩	53	1.32	斜长角闪岩(2)	216	1.39
长英角岩	80	2.20	闪长岩	222	1.93
斜长角闪岩(1)	84	1.19	辉长岩	305	4.17
角闪岩	91	4.46	白云岩	424	2.36
糜棱岩	108	0.94	大理岩	442	4.56
花岗斑岩	112	2.08	石灰岩、砂岩	564	—
斜长花岗岩	129	1.92	白云岩、石灰岩	581	3.00
闪长斑岩	130	4.51	白云岩、大理岩	603	2.78
火山岩	151	2.40	结晶白云岩	724	4.33
角闪片麻岩	158	2.35	砂页岩	1002	3.58

6.2　绳索取心钻头的发展现状

随着绳索取心技术的拓展应用，相应的出现了不同种类的绳索取心钻头。按切削具分类有孕镶金刚石绳索取心钻头、表镶金刚石绳索取心钻头、胎块式绳索取心钻头、复合片式绳索取心钻头、CVD 绳索取心钻头、高胎体金刚石钻头等。

6.2.1 孕镶金刚石绳索取心钻头

孕镶钻头是将金刚石与胎体粉末拌合在一起所制成的钻头。胎体将金刚石全部包镶在里面，在钻头工作时，金刚石随胎体的磨损以接力的形式不断出露、工作、脱落、再出露。因此，孕镶钻头能获得较好技术经济效果。孕镶金刚石具有广适性，我国在钻探生产中主要采用孕镶金刚石钻头。

近几年，为了满足钻探工业的发展，孕镶金刚石钻头向着更高时效、更长寿命的方向发展。为此，许多学者在孕镶金刚石钻头的胎体材料、工艺性能、钻头结构等方面作了很多研究。在胎体配方方面，改进了传统的钻头配方，在铁基胎体配方中加入稀土元素，增强了铁基胎体的抗弯强度与冲击韧性。应用这种胎体配方制作的钻头是一种成本低、钻进时效高的金刚石钻头。国内已经有研究单位在金刚石钻头制造中尝试采用新型添加材料，如添加具有增强、增硬、增韧作用的碳纤维材料和 SiC 纤维，提高金刚石钻头的硬度与耐磨性。在钻头结构上，研制了主副工作层钻头和仿生金刚石钻头、高胎体金刚石钻头等。

6.2.2 表镶金刚石绳索取心钻头

表镶钻头就是将大颗粒金刚石按一定的规律镶嵌在钻头的工作面上。表镶钻头的历史可以追溯到 1930 年，当时是用手工镶嵌方法将大颗粒天然金刚石嵌焊于钻头的唇部，这种方法一直持续到 1945 年，此后逐渐被粉末冶金方法所取代。表镶钻头的特点是所用金刚石颗粒大（直径在 1.5mm 以上）、裸露多（可高出唇面 0.5mm 以上），因而其钻进时效快。除此以外，表镶钻头较孕镶钻头可以降低钻压，对保护绳索取心钻杆和保护孔壁稳定具有重要作用。

6.2.3 镶嵌式金刚石绳索取心钻头

镶嵌式钻头是将胎体和镶嵌胎块分别进行烧结，烧结成型后采用二次镶焊，将胎块焊接于钻头体上。该种类型的钻头的切削胎块是分别烧制的，目前，我国也有类似产品，北京探矿工程研究所、美国史密斯公司等均可制造类似钻头，该类钻头最大特点是适于制作结构复杂的钻头，钻头的工作稳定性好，钻头寿命长。

6.2.4 聚晶金刚石复合片绳索取心钻头

聚晶金刚石复合片（PDC）由金刚石聚晶层和硬质合金基底组成，该种钻头是采用钎焊技术将 PDC 复合片焊接在钻头上，我国自 20 世纪 80 年代开始引进 PDC 钻头，90 年代后各大油田开始使用 PDC 钻头，取得良好效果。PDC 钻头的问世是 80 年代石油工业方面的一项突出成就，它为石油钻井工程带来了一场新的技术革命。PDC 用于绳索取心钻头钻探是近年来发展起来的，主要是解决中硬以下地层硬质合金钻头寿命低，不利绳索取心优越性发挥的问题。

6.2.5　电镀金刚石钻头

电镀钻头的制作工艺是在低温条件下生产的，可避免热压烧结对金刚石造成的热损伤。随着研究的深入，电镀钻头的结构形式不再单一，出现了很多结构类型的电镀钻头。如弱包镶电镀金刚石钻头、电镀二合一钻头、高低齿结构、唇面交错结构等，除了在钻头结构上作改变外，在电镀液上也进行了很多相关研究，生产出了性能优异的电镀绳索取心钻头。

6.2.6　CVD 金刚石钻头

CVD 指金刚石膜的化学气相沉积，该技术是一种新型的超硬材料涂层技术。1982 年，Matsumto 等使用化学气相沉积法（CVD）制备出了金刚石膜，为金刚石的应用开辟了新的途径，并在世界范围内掀起了研究热潮。CVD 金刚石钻头就是利用 CVD 工艺将金刚石薄膜沉积在硬质合金钻头基体上，或者采用 CVD 金刚石厚膜刀片连接固定在钻头上制成的金刚石钻头。结果表明，改变钻头涂层厚度和切削刃形状可以优化钻头结构，提高切削效果。

6.2.7　高胎体绳索取心钻头

近年来，随着勘探深度的增加，孕镶金刚石钻头出现了普遍存在的时效高而寿命低的问题，国内外许多学者和专家在胎体材料、工艺性能和唇面结构上作了很多改变和创新。这些传统的改进方法在一定程度上提高了钻头的钻进效率和使用寿命，并解决了一些在钻进中遇到的问题，但在提高钻头寿命的程度上有限。要想大大地提高钻头的使用寿命，还应从钻头的结构上作改变，从钻头的唇面形状、胎体的配方、金刚石的参数设计等方面来改善钻头性能，打破一个工作层的局限，在金刚石钻头的胎体高度方面作研究和探讨，通过增加胎体高度的方式来增加钻头的寿命。近几年，国内外的学者和专家对金刚石钻头胎体高度这一新思路上作了很多相关的研究。

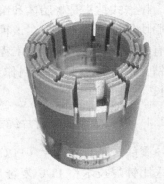

图 6-1　Golden Jet 孕镶金刚石钻头

（1）瑞典的阿特拉斯-科普柯公司在 2006 年研制生产出 Golden Jet 孕镶金刚石钻头（见图 6-1），实现了该公司提出的一个钻头就可以钻进一个钻探孔（One Hole One Bite）的口号。该钻头胎体高度为 16mm，高于传统钻头胎体 7～10mm。

在水口设计方面，该钻头设计的不与水口贯通的隐蔽水槽可以很好地起到分流作用，使冲洗液布满整个钻头唇面，为很好地冷却钻头提供了保障。同时，过水面积也没有因钻头水口的增长而增加很多，在保证冲洗液上返速度的同时，该钻头有着很好的排粉能力。设计了比较宽大的胎块，保证了钻头的抗弯强度。并选用热稳定性复合片作为该钻头的保径材料。室外试验表明，该钻头的使用效果不错，使用寿命基本上是传统钻头（胎体高度为9mm的孕镶钻头）的两倍（Atlas Copco.，2006）。

（2）加拿大的Fordia公司，在2006年，设计出了另一种类型的高胎体钻头（见图6-2），该种钻头为加强筋孕镶高胎体金刚石钻头-——Vulcan。该钻头的最大特点就是设计了加强机构（桥式结构）来保证胎块的强度，这就解决了在高胎体钻头普遍存在的胎体强度不够的技术难题。该钻头工作层胎体高度为16mm，保径材料同样选用热稳定性复合片，在实地的钻探生产中进尺量达到了1012m（Fordia Group，2006），与12mm的钻头相比，寿命增长了33%。

（3）宝长年的Alpha Stage 3孕镶金刚石取心钻头（见图6-3），通过对水口采用特殊设计来实现钻头的超高胎体，该钻头在高胎体中间位置设计了类似窗口的三层阶梯水口，工作层总高度达25.4mm。该种钻头的工作层分为三层，即由三层阶梯水口连续出露来实现工作层的工作。在钻进过程中，率先工作的为第一层表面水口，第二层和第三层水口随着钻头胎体磨损不断地出露，使钻头继续工作。该种钻头经在加拿大一年多的实地生产试验证明，其使用寿命基本能够达到普通钻头的3倍，有效地节约了33%的生产成本（Thompson Manitoba，2008）。

图6-2　Vulcan加强筋钻头

图6-3　Alpha Stage 3钻头

（4）无锡钻探工具厂，2006年，仿制Fordia公司的Vulcan钻头，设计制造了胎体高度为16mm的高胎体加强筋孕镶金刚石钻头，图6-4所示为该钻头示意图。后经在福建龙永煤田取心钻探施工中的应用效果证明，该钻头与对比钻头

（胎体高度为 4.5mm）相比，平均使用寿命从 68m 增加到 165m，基本上等于钻头胎体长度增长的倍数（彭步涛，2009）。

（5）2008 年，吉林大学根据仿生学理论即蛇的蜕皮现象对 Alpha Stage 3 孕镶金刚石取心钻头水口进行了新的设计，研制了可再生水口金刚石钻头，图 6-5 所示为该钻头的模型图。该钻头与宝长年 Alpha Stage 3 孕镶金刚石取心钻头最大的不同之处在于该钻头的阶梯水口采用了堵口式设计，解决了宝长年 Alpha Stage 3 孕镶金刚石钻头存在的在冲洗液未到达孔底岩石前已大量流失的问题。

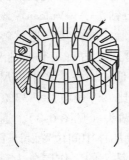 

图 6-4　无锡高胎体　　　　　　图 6-5　可再生水口高胎
　　钻头示意图　　　　　　　　　　体钻头模型图

（6）勘探技术研究所在 2000m 地质岩心钻探成套设备研制工作中，研制了底喷式高胎体钻头（见图 6-6），该钻头的胎体高度为 16mm，水口采用底喷式结构，充分利用水射流动力，使冲洗液冲刷孔底。

图 6-6　勘探技术研究所的高胎体钻头

从当前国内外研究的情况来看，高胎体金刚石钻头最适合深孔绳索取心钻探技术，钻头胎体的增高使钻头寿命数倍的增长。但高胎体钻头在提高使用寿命的同时也存在不少问题，就是必须解决钻头保径、塞心、水口结构和高胎块强度问题。只要有效解决这些问题，绳索取心技术将会产生飞跃式发展。

6.3 绳索取心钻头和扩孔器规格系列

绳索取心钻头规格系列及加工尺寸见绳索取心钻探钻具设备（GB/T 16951—1997），钻头标准序列为 46.5、60、76、95、120，扩孔器标准尺寸系列为同级口径 +0.5mm。

6.4 绳索取心金刚石钻头结构参数的设计

6.4.1 表镶绳索取心金刚石钻头

表镶绳索取心金刚石钻头的结构参数主要包括：胎体性能、金刚石质量、金刚石粒度、布齿疏密度、金刚石排列方式、保径形式、水口多少、水口结构、水口大小、水槽大小、底唇面形状等。

（1）胎体性能。表镶钻头胎体性能主要要求其硬度高，对金刚石的包镶能力强，具有抗冲蚀能力。表镶钻头主要采用无压浸渍法生产，有时也采用热压法烧结。胎体硬度要达到 HRA55 左右，过软的胎体抗冲蚀能力差，易造成金刚石脱落，过硬胎体脆裂，易导致钻头非正常损坏。常用胎体配方见表 6-3。

表 6-3 无压浸渍法生产表镶金刚石钻头胎体配方

骨架粉末成分/%						黏结金属
W2C	YG6	W	Ni	Mn	Si	BZn1520
80	8	1.5	5	4	0.5	粉料质量的33%

（2）金刚石质量。为了延长绳索取心钻头寿命，提高钻进速度，降低金刚石消耗，必须采用高强度优质金刚石。绳索取心表镶金刚石钻头一般采用天然金刚石作磨料。天然金刚石品级分五级，即特级、优质级、标准级、低级和等外级。绳索取心钻头均宜采用优质级和特级（相当于国外的"AA"和"AAA"级）。晶体呈浑圆状，光亮、质纯，无斑点及包裹体，无裂纹。

但随着天然金刚石资源的紧缺和价格的上涨，除非特殊用途外，一般不再采用天然金刚石制造表镶钻头，现在采用较多的是聚晶金刚石烧结体（简称聚晶），聚晶是由人造金刚石微粉在高温高压下聚合而成，可以根据使用要求制造成各种粒度和形状，在应用中比天然金刚石更方便、更可靠。但聚晶的硬度及耐磨性不及天然金刚石，因此，只适宜于中、软地层，其应用具有一定的局限性。

（3）金刚石粒度。应根据不同岩层特性合理选择金刚石的粒度。常用的粒度为 15~60 粒/克拉，主要根据岩层性质来选择金刚石的粒度，岩层越硬、越致密，选用的粒度越小。其具体粒度情况见表 6-4 和表 6-5。有时可选用优质的、更为细粒的金刚石用以钻进坚硬而十分致密的岩层。

表 6-4　表镶钻头用的金刚石粒度

粒　度	粗　粒	中　粒	细　粒
粒度/粒·克拉$^{-1}$	13 ~ 25	25 ~ 40	40 ~ 60
岩　层	中硬	硬	坚硬

表 6-5　常见岩层推荐采用的金刚石粒度

岩　石　名　称	金刚石粒度 /粒·克拉$^{-1}$
均质岩层：白垩、砂质黏土质岩石、松散砂岩、泥质岩、粉砂岩、风化黏土页岩、中硬砂岩	8 ~ 16
均质的、软的黏性岩层：石膏、黏土石灰岩、黏土页岩、部分砂岩	10 ~ 20
均质的中硬砂岩、煤、裂隙的砂质灰岩	16 ~ 30
较易钻进的岩石：均质的闪长岩、辉绿岩、正长岩、部分砂岩	20 ~ 40
花岗岩、片麻岩、结晶片岩	30 以细
坚硬的灰岩、白云岩、有裂隙的很硬的火成岩	30 ~ 60
中硬致密的细粒白云岩	40
中粒花岗岩、泥质片岩含硅夹层	40 ~ 60
中硬的含铜硫化矿	50 ~ 90
非常坚硬的火成岩	60 ~ 110
均质的矽卡岩、角岩、碧玉、石英岩、铁、燧石、含铁石英岩	达 200
硬度不同的硫化矿	200

（4）表镶钻头金刚石颗粒充满度。在钻头唇部究竟摆放多少金刚石为宜，也是一个值得研究的问题。一般称此为钻头的充满度（或密集度）。摆放的充满度过小，在单位孔底碎岩面上金刚石工作刃过少，相对金刚石负担过大，则钻头寿命相对减短；相反，充满度过大，钻头成本过高，还会影响冲洗孔底，一般坚硬致密地层充满度要低些，而坚硬、破碎、研磨能力强的地层宜选用高充满度的分布参数。

（5）表镶钻头金刚石颗粒排列形式。金刚石在钻头唇面上的排列方式有放射排列、螺旋排列和等距排列等（见图6-7）。金刚石在钻头唇面厚度方面多采用同心环分列，并在径间必须有一定的重叠度，以保证钻进中不会发生某环部因缺破碎岩石的刃而使孔底形成凸起。这样不仅不能继续进行钻进，还会将钻头唇部拉槽而严重损坏钻头。

表镶钻头常规排列以等间距排列为主，但遇有坚硬弱研磨性岩石宜采用反螺

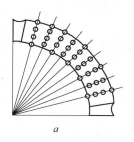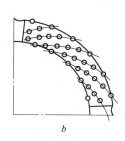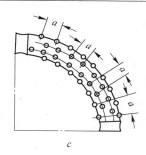

图 6-7　金刚石在钻头唇面上的排列方式

a—放射排列；b—螺旋排列；c—等距排列

旋排列形式，遇有强研磨性地层则宜选用右螺旋方式排列。放射状排列的底唇面磨损不均不建议采用。

（6）表镶钻头水口结构形式。钻头的水口结构形式有直水口、正螺旋水口、反螺旋水口及底喷式水口等，如图 6-8 所示。为什么有这样的水口形式呢？也是与所钻地层条件有关。一般绝大多数情况下，选用直水口，因为直水口方便加工制造；但是，当遇到强研磨性地层时，钻进速度比较快，单位时间产生的岩粉较多，钻头发热量大，正螺旋水口有利排粉和冷却钻头；当遇到坚硬而弱研磨性地层时，钻进速度慢，单位时间产生的岩粉量少，所需冲洗液量小，反螺旋水口不利岩粉排除，有利岩粉参与摩擦，提高碎岩效率，特别是当表面刃高因磨损而减小时，有利金刚石出露，克服打滑地层钻进速度低的弊端；底喷式水口的应用主要是考虑保护岩心，防止水力冲刷岩心，提高岩心采取率。

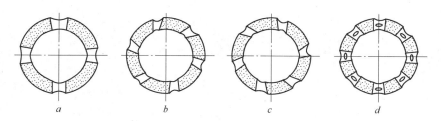

图 6-8　表镶金刚石钻头的水口形式

a—直水口；b—正螺旋水口；c—反螺旋水口；d—底喷式水口

（7）表镶钻头水路。钻头的水路包括钻头的水口和水槽。钻头的水路直接影响孔底冲洗和钻进效果，钻头水口和水槽的数目和尺寸取决于钻头类型、钻头直径、金刚石粒度、冲洗液类型以及所钻岩石的性质和所采用的钻进规程等因素。

由于表镶钻头唇面在钻进中与孔底岩面可有一定的小距离，冲洗液流可从唇面流过，所以水口水槽不宜过大过多，以使主液流尽量流经唇面，较好地清洗岩粉和冷却钻头。

（8）表镶钻头底唇面形状。表镶钻头的唇面形状可以是平底、弧面、外锥和阶梯等。研磨性强的地层宜选用平底或圆弧状底唇面形状，完整地层可选用外锥形状，裂隙发育和破碎地层宜选用阶梯形状的钻头。不同地层条件需要选择合适的底唇面机构，可参见表6-6选用。

表6-6　表镶金刚石钻头唇部断面形状及适应范围

唇部断面	适　用　范　围
圆弧形	圆弧半径大于胎体厚度的一半。可较好地保护钻头的内外径，适合于钻进中硬和硬岩层，此形较易布置金刚石的定位眼和摆放金刚石。适用范围较广
半圆形	圆弧直径等于胎体厚度，呈半圆形状，可布置较多的金刚石，缓解了规径刃的过度磨损。适用于钻进裂隙的、坚硬的、软硬互层的研磨性地层
多阶梯形	多用于钻头壁厚较大的，如绳索取心钻头。适用于钻进中硬－硬岩层，有利于破碎岩石和导向，有时多采用单阶梯形
内锥形	适用于钻进研磨性强的和破碎的岩层及容易引起钻头内边刃过早磨损的岩层，也可钻进砾岩，用于厚壁钻头。如绳索取心钻头
外锥形	适用于钻进较软和易碎的地层，多用于双管和绳索取心钻头

（9）表镶钻头保径方式。在同一钻头的不同部位（如底刃、内边刃、外边刃和保径），有时宜用不同粒度和品级的金刚石，一般边刃和底刃的金刚石优于内外侧刃（保径）金刚石，但对于绳索取心钻头，由于要求井下工作时间长，所以保径要加强，可选用天然金刚石或高质量的聚晶金刚石保径。

6.4.2　孕镶金刚石绳索取心钻头

孕镶金刚石钻头对地层的适应能力强，是目前绳索取心应用最多的钻头。孕镶绳索取心金刚石钻头的结构参数包括：胎体性能、金刚石质量、金刚石粒度、金刚石浓度、保径形式、水口多少、水口结构、水口大小、水槽大小、底唇面形状等，具体如下：

（1）胎体性能。绳索取心钻头胎体性能除了必须具有普通金刚石钻头胎体性能以外，还应具有下列特点：

1）钻头胎体适当加高。为了增加钻头的稳定性，改善钻头的工作条件，减少金刚石的非正常磨损，延长钻头寿命，可以适当加高钻头胎体。绳索取心钻头胎体高度可达20mm以上。

2）钻头胎体耐冲蚀性强。绳索取心钻杆与孔壁环状间隙较小，冲洗液循环阻力较大，泵压较高，因此要求钻头胎体应耐高压水冲蚀，以防止金刚石剥落。

3）孕镶钻头胎体耐磨损并能自锐。对于孕镶钻头，只有胎体耐磨损并能自锐，才能达到延长钻头寿命和提高钻进效率的目的。

4）孕镶钻头胎体适应性强。绳索取心钻头在孔底连续工作时间较长，可能会遇到不同特性的岩层，这就要求钻头胎体与地层具有更广的适应性，以使钻头始终保持较高的钻速。

目前，钻头胎体性能的主要指标之一是硬度。孕镶钻头硬度分为：HRC10/20、20/30、30/35、35/40、40/45、>45等多种硬度，具体应用可见表6-7。

表6-7　孕镶金刚石钻头胎体的硬度和耐磨性

代号	级别	胎体硬度 HRC	耐磨性	适　应　岩　层
1	软	20～30	低	坚硬弱研磨性岩层
			中	坚硬中等研磨性岩层
2	中软	30～35	低	硬的弱研磨性岩层
			中	硬的中等研磨性岩层
3	中硬	35～40	中	中硬的中等研磨性岩层
			高	中硬的强研磨性岩层
4	硬	40～45	高	硬的强研磨性岩层

胎体硬度的选择主要根据岩石的特性进行确定。一般规律为：岩石越致密，硬度越高，岩石研磨性越弱，选择钻头胎体硬度要越低；岩石粗糙、硬而碎、研磨性越强，选择胎体硬度要越高些。

（2）金刚石质量。孕镶金刚石钻头的磨料分为天然金刚石孕镶料和人造金刚石孕镶料。天然金刚石孕镶绳索取心钻头宜用经过挑选和加工处理的低级和等外级作孕镶料。对于绳索取心钻头，则应选用高强度、晶形完整的人造金刚石单晶，岩石越硬，或岩石研磨性越强，金刚石的质量要求也越高。

（3）金刚石粒度。目前，国内采用的人造金刚石孕镶料粒度多为60目（0.25mm）、80目（0.177mm）、100目（0.147mm），少量用40目（0.42mm）和120目（0.125mm）。但在国外，大多用20~50目（0.0841~0.297mm）。对于同一品级的细粒度的人造金刚石，其单位面积压强往往高于粗粒度的。所以，在坚硬致密岩层应采用细粒度金刚石或不同粒度混合的孕镶料。岩石颗粒越细越致密的打滑地层，金刚石粒度要求选择偏细粒的。

（4）金刚石在胎体中的含量。在孕镶钻头的胎体中，以金刚石的浓度来表示金刚石的含量。目前，沿用国际砂轮制造业中所采用的"400%浓度制"来表示。当金刚石的体积占工作层胎体体积的1/4时，其浓度为100%，全部都是金刚石时，浓度为400%。

确定孕镶钻头工作胎体的金刚石的浓度时，既要考虑胎体的耐磨性，又要考虑其机械钻速。胎体的耐磨性与金刚石浓度的关系如图6-9所示。由图6-9可知：随着浓度的增加，单位进尺的金刚石耗量在不断下降，但超过120%时，又有增大的趋势。过浓的金刚石含量会影响胎体对金刚石的包镶。最合理的金刚石浓度为70%~120%。

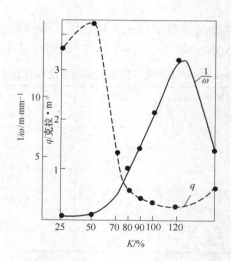

图6-9　钻头的进尺量与金刚石单位磨耗量和金刚石浓度的关系

q—单位进尺金刚石耗量；K—金刚石浓度；

$1/\omega$—每毫米胎体高度磨耗钻头的进尺量

机械钻速与金刚石的浓度有密切的关系。浓度增大在一定程度上可增大钻速，浓度增大在正常磨耗下，唇面出露的金刚石点会增多，钻速会增大。但金刚石点增多需要更高的轴向压力。如若轴向压力不足，也会得到相反的结果。

　　一般是根据所钻岩层性质来选择金刚石的浓度。影响浓度的还有金刚石的质量和粒度：岩层越坚硬、越致密、研磨性越低，金刚石浓度相应要低些；而金刚石质量越好、浓度也可越低些。

　　（5）钻头唇面造型。绳索取心钻头比普通双管钻头唇面壁厚，其克取环状面积比普通双管增大20%～40%，为了既保持钻头有较长的寿命，又要达到一定的机械钻速，特别要重视研究钻头的唇面造型，包括水路设计。根据国内外已有经验，绳索取心钻头的唇面形式如图6-10所示。其适用岩层情况见表6-8。

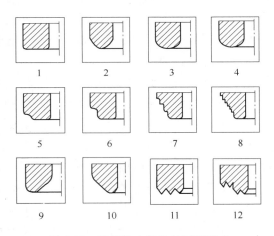

图6-10　绳索取心钻头的唇面形式

表6-8　取心钻头的唇面形式适用岩层情况

序　号	唇面形式	说　　明
1	平唇型	适用于中硬和中等研磨性岩层的标准型钻头
2	双锥型	适用于中硬岩层，稳定性较好
3	半圆型	内外侧刃加强钻头，用金刚石比第一种稍多
4	全圆型	内外侧刃加强钻头，应用较广，尤宜用于硬的研磨性地层
5	低导向型	常用于中硬至硬岩层
6	导向型	在垂直钻孔中有良好的稳定性，中硬岩层中钻速较高
7	三阶型	适用于软至中硬岩层
8	多阶型	用于中硬至硬岩层的标准钻头，效果与稳定性好
9	内锥型	具有良好的稳定性，在硬岩中效果好
10	外锥型	钻进效果良好
11	尖齿型	在坚硬和硬岩层效果好，尖齿呈60°V字形
12	台阶尖齿型	在坚硬和硬岩层中效果好

（6）钻头的水路设计。由于绳索取心钻头唇部较厚，切削岩石面积大，产生的岩粉多，冷却条件差，因此，必须重视钻头水路的设计。

由于孕镶钻头和表镶钻头主水路不一样，孕镶钻头主水路是水口，冲洗液较难从唇面与岩石接触面之间流通而是通过钻头唇面移动，由水口流出的冲洗液冲刷被破碎下来的岩粉，若冲刷不良就容易产生糊钻和烧钻事故，所以，主水路（即水口）要求数量多些。一般为 8~12 个，最多可达 16 个。这样，水口密、扇形块长度短，可减少金刚石用量，降低钻压，减小钻机和钻具负荷，有利于防止孔斜。国内冶金系统设计的 YS 型绳索取心钻头和武汉地大设计的电镀绳索取心钻头，均采用了多水口设计，并得到了较好的效果。

在上述分析基础上，水口的确定原则是依据地层条件。坚硬致密地层，水口可多些、可宽些；研磨性强的硬岩地层，水口数量可少些，水口宽度也可窄些；研磨性强的中硬地层，水口可大些。水槽的大小与多少变化随水口而变。

（7）钻头的保径。绳索取心钻进不像普通双管钻进那样频繁地提钻检查和更换钻头。所以，要求绳索取心钻头的内外径要耐磨，即钻头保径效果好。孕镶钻头的保径问题从某种意义上讲比表镶钻头显得更为重要。孕镶钻头如保径不好，往往造成含金刚石孕镶层未消耗完以前，就因缩径（外径）或超径（内径）而被迫停止使用，这就影响了钻头的使用寿命。因此，孕镶绳索取心钻头内外径必须采用天然金刚石或人造聚晶补强。在钻进过程中，由于钻头内外侧的线速度差，往往外径磨损更甚，所以应特别注意钻头外径补强。国内孕镶钻头多采用人造聚晶补强获得较好的效果。在软至弱研磨性的中硬岩层中，也可选用针状合金补强，以降低成本。

（8）钻头钢体加工。绳索取心钻头壁厚，钻进过程中承受的钻压较大，而且钻头在孔内工作时间较长，不可能专门提钻检查钻头磨损（包括钻头唇面金刚石或孕镶层以及钢体、螺纹等）情况。因此，要求在钢体材质与加工方面注意如下几点：

1）钢体采用在正火或调质状态下能保持较好机械性能的钢种。热压法或浸渍法如果温度不超过正火温度，则钢体取得正火性能。这一点宜在低熔点黏结金属上不断改进。若采用电镀法，钻头钢体可以按设计要求先调质而后镀层，钢体可保证有较好的机械性能。

2）钢体各部分几何尺寸应严格按照图纸尺寸加工。要精确控制公差范围，尤其是与扩孔器连接的螺纹和其端部的密封角要更加注意，以防止母螺纹胀开和压鼓变形。

3）为提高钢体表面耐磨性，可在钻头钢体外表镀铬或喷焊硬质合金粉末。

6.5 绳索取心钻头的合理选择

绳索取心钻进除了在第四系覆盖层和特别松软岩层可采用硬质合金取心钻头或复合片取心钻头外，一般均采用金刚石钻头。地质岩心钻探把地层分了十二个级别，各级别参数见表6-9。表6-10为压入硬度可钻性分级与实钻法可钻性分级的参考对应关系。

表6-9 压入硬度可钻性分级表

岩石类别	软		中 软		中 硬		硬		坚 硬		极 硬	
岩石级别	1	2	3	4	5	6	7	8	9	10	11	12
硬度/MPa	≤100	100~250	250~500	500~1000	1000~1500	1500~2000	2000~3000	3000~4000	4000~5000	5000~6000	6000~7000	>7000

表6-10 压入硬度分级与实钻法分级对应关系

岩石级别	钻进时效/m·h⁻¹		代 表 性 岩 石 举 例
	金刚石	硬合金	
1~4		>3.90	粉砂质泥岩，碳质页岩，粉砂岩，中粒砂岩，透闪岩，煌斑岩
5	2.90~3.60	2.50	硅化粉砂岩，滑石透闪岩，橄榄大理岩，白色大理岩，石英闪长玢岩，黑色片岩
6	2.30~3.10	2.00	黑色角闪斜长片麻岩，白云斜长片麻岩，黑云母大理岩，白云岩，角闪岩，角岩
7	1.90~2.60	1.40	白云斜长片麻岩，石英白云石大理岩，透辉石化闪长玢岩，混合岩化浅粒岩，黑云角闪斜长岩，透辉石岩，白云母大理岩，蚀变石英闪长玢岩，黑云角石英片岩
8	1.50~2.10	0.80	花岗岩，矽卡岩化闪长玢岩，石榴石矽卡岩，石英闪长玢岩，石英角闪岩，黑云母斜长角闪岩，混合伟晶岩，黑云母花岗岩，斜长闪长岩，混合片麻岩
9	1.10~1.70		混合岩化浅粒岩，花岗岩，斜长角闪岩，混合闪长岩，钾长伟晶岩，橄榄岩，斜长混合岩，闪长玢岩，石英闪长玢岩，似斑状花岗岩，斑状花岗闪长岩
10	0.80~1.20		硅化大理岩，矽卡岩，钠长斑岩，斜长岩，花岗岩，石英岩，硅质凝灰砂砾岩
11	0.50~0.90		凝灰岩，熔凝灰岩，石英角岩，英安岩
12	<0.60		石英角岩，玉髓，熔凝灰岩，纯石英岩

6.5.1　一般情况下钻头的选择

一般情况下钻头的选择包括以下几个方面：

（1）Ⅰ～Ⅳ级，一般为沉积层、风化层，通常选择硬质合金钻头或 PDC 复合片钻头。

（2）Ⅳ～Ⅵ级（部分Ⅶ级）碳酸盐类岩石。常见的有石灰岩、大理岩、白云岩等。岩性均质、弱研磨性、硬度不大、钻进时金刚石消耗甚微，最宜采用表镶金刚石（包括人造聚晶）钻头。正常情况下采用绳索取心钻头直径 56mm，金刚石粒度 25 粒/克拉左右。机械钻速可达 3～5m/h，钻头寿命（在不低于一定钻速范围内）可达 200～300m。

（3）Ⅲ～Ⅵ级（部分Ⅶ级）的煤系地层。常见的岩层有各种页岩、泥岩、粉砂岩、砂岩和煤层等。岩性较均质，大多为弱研磨性，某些砂岩为中、强研磨性。钻进时除硬砂岩（如石英砂岩）外，钻头金刚石消耗不大。此类岩层有时易吸水膨胀，遇孔壁不稳定时要采用泥浆钻进。此类岩层宜选用粗至中粗表镶金刚石（包括人造聚晶）钻头，可采用 $\phi 75 + 2$ 的钻头施工，山东某队取得了最高钻头寿命为 527.79m。

（4）Ⅶ～Ⅷ级无石英或少石英火成岩。常见的有闪长岩、石英岩、闪长斑岩、安山岩等属少石英火成岩类；辉长岩、辉长斑岩、玄武岩等属无石英火成岩类。此类岩层中硬到硬、低到中等研磨性，一般采用表镶或孕镶钻头均可。

（5）Ⅶ～Ⅷ级变质岩类。常见的有各种片岩、片麻岩、矽卡岩等，具有中等到较强的研磨性，这类岩石最好使用孕镶钻头。

（6）Ⅷ～Ⅹ级含较多石英的火成岩或沉积岩。常见的有花岗岩、花岗斑岩、石英砂岩等。这种岩层硬且耐磨性强，宜采用孕镶钻头。

（7）Ⅺ～Ⅻ级特别坚硬地层。常见的有致密坚硬的石英岩、流纹岩、碧玉铁质岩、角闪岩、燧石等。这类岩层特别坚韧、硬度大、研磨性弱而易于在钻进时"打滑"不进尺，使用表镶钻头虽能进尺，但钻速下降很快。孕镶钻头钻速也较低，而且往往要在不能自锐的情况下辅以人工锐化。

6.5.2　特殊地层条件钻头选择

（1）松软、破碎和易受冲蚀的地层。例如松软煤层，风化的岩矿层，脆碎的硫、磷矿以及盐类、黏土类矿层等。这类岩矿层绳索取心钻进时宜配合性能良好或专门结构的岩心管，采用底喷、侧喷式钻头以及内管超前式或内管压入式钻头。

（2）致密坚硬弱研磨性地层。致密坚硬弱研磨性地层，即所说的"打滑"地层，该类地层常规钻头钻速慢，严重影响钻探进度，为此，必须采取切实可行的技术措施，才能攻克这类地层难钻进的难题。在钻头选择上，必须正确确定和选择钻头的结构参数，这类地层应参考下列原则选择金刚石钻头。

1）尽可能采用优质级金刚石；

2）采用细颗粒的金刚石磨料；

3）采用低浓度的金刚石含量；

4）选用低硬度的胎体性能；

5）采用"V"形槽尖齿型钻头；

6）增加水口个数；

7）采用宽水口结构；

8）采用反螺旋式水口；

9）增加工作层高度；

10）加强保径措施。

（3）坚硬孔隙裂隙发育的强研磨性地层。该类地层最大问题是钻头寿命短，为此，钻头的结构参数应当本着如下原则：

1）尽可能采用优质级金刚石；

2）采用粗颗粒的金刚石磨料；

3）采用稍高浓度的金刚石含量；

4）胎体性能选用硬度大的胎体；

5）钻头胎体形状采用圆弧形或阶梯形；

6）水口个数采用标准规定的下限值；

7）水口大小采用标准水口大小；

8）采用正螺旋式水口；

9）增加工作层高度；

10）加强保径措施。

6.6 绳索取心金刚石钻头的磨损与变形

根据对现场绳索取心钻头的观察，其磨损变形属于非正常的比例很大（将近半数）。除了由于操作不慎和钻进参数不当而引起的烧钻、夹坏、跑钻现象外，在设计制造方面也存在若干缺陷。特别是由于内径早期磨损（由于壁厚造成的线速度差）而使钻头过早失去工作能力的现象很多，如图 6-11 所示。

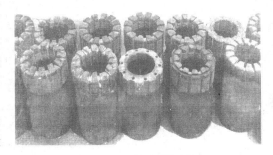

图 6-11 钻头磨损图

其次是水路考虑不周，孕镶钻头往往水口太少，内外水槽不畅，这样造成的冲洗液冷却不良而导致的包括微烧在内的烧钻和孕镶层消耗过快的现象也很多。以上都要积极研究改进。

6.7　金刚石绳索取心钻进用扩孔器

人造金刚石扩孔器是金刚石小口径地质勘探的必备工具，扩孔器的主要作用是修整孔壁，保持钻孔直径合乎标准尺寸；其次是扶正和稳定钻头。

近年来，国内外致力于研究增强绳索取心金刚石钻头的保径措施，包括增长胎体高度、增加保径部分的金刚石镶入量（也可采用细条状硬质合金保径）、增加钻头本身的稳定性（如采用内锥形唇面设计等），从而尽量减少扩孔器的工作负担。

扩孔器也分为表镶扩孔器和孕镶扩孔器，可采用电镀、冷压浸渍、无压浸渍、预制片（或圆饼）镶嵌或插入法制造。市场上，采用无压浸渍法制造的居多。各式造型的扩孔器如图 6-12 所示。

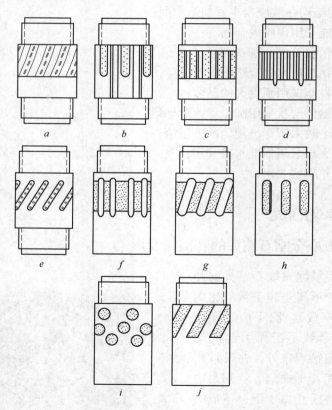

图 6-12　绳索取心扩孔器各种胎体结构示意图

a ~ *e*—两端公螺纹扩孔器；*f* ~ *j*—一端公螺纹一端母螺纹扩孔器

　　无压浸渍法制造扩孔器是粉末冶金的一种形式，它是将给定量的骨架粉末装入粘有金刚石烧结体（也有时用合金）的扩孔器模具（见图6-13）中，经过适当振动后使骨架粉末达到规定的装料密度，放入钢体，然后在其上部装定量的黏结金属。在烧结过程中，当达到烧结温度后，黏结金属熔触．靠毛细作用使黏结金属与钢体的热分子交换使胎体与钢体焊接。出炉冷却后，胎体即可达到所要求的性能，包括机械强度、硬度、对金刚石的黏结牢固等。

　　扩孔器钢体各部分几何尺寸应严格按照图纸尺寸加工。尤其要注意两端螺纹的同轴性。扩孔器的钢体和钻头的钢体一样，应该采取同样措施保证有较好的综合性能。

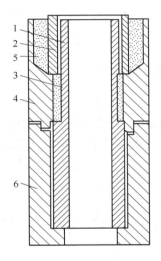

图 6-13　模具组装结构图

1—钢体；2—压模；3—胎体骨架料；4—型模；

5—黏结金属料；6—底模套

7　绳索取心钻进附属设备和工具

绳索取心钻进技术是不提钻提取岩心，因而，该技术具有自身的特点，如由于绳索取心钻进在钻杆柱中升降内管总成，一般采用内、外平的钻杆连接，也正因为如此，钻杆壁比较薄。因此，必须具有相应的夹持和拧卸工具，以免钻具夹坏、变形等。此外，必须具有绳索取心绞车、泥浆净化设备、提引器等，才能进行绳索取心钻进。

7.1　绳索取心绞车

7.1.1　绞车的功用和对绞车的要求

7.1.1.1　绞车的功用

（1）下放打捞器，把装满岩心的内管总成捞取上来；

（2）遇到全漏失地层钻孔为干孔时，利用打捞器把内管总成送入孔内；

（3）下放测斜仪测斜；

（4）丈量孔深；

（5）进行水文观测。

7.1.1.2　对绞车的要求

（1）要求绞车启动方便；

（2）要求绞车具有较宽的调速范围；

（3）要求绞车应能根据负荷变化自动调节提升速度，以加快打捞速度；

（4）绞车应具有排绳机构；

（5）具有足够的负载能力，以满足不同孔深的需要；

（6）要求绞车结构紧凑，质量轻，适合野外施工的需要；

（7）安全可靠，操作方便。

7.1.2　绞车技术参数的选择

7.1.2.1　提升速度

在保证岩心不脱落的前提下，增大绞车的提升速度，可以减少打捞时间，增加纯钻进时间，提高钻进效率。但是，由于绳索取心钻具内管总成与钻杆柱内壁的环空间隙较小，打捞速度过高，不仅大大增加绞车的提升负荷，增加动力消耗，易于损坏钢丝绳，而且加剧冲洗液的抽吸作用，引起孔壁坍塌掉块。因此，必须根据钻进地层、冲洗液类型、内管总成长度及其与钻杆的环空间隙等因素，选择适当的提升速度。

当钻进完整地层，使用清水 + 润滑剂作为冲洗液时，可选择较高的提升速度（1.5～2m/s）；当钻进复杂地层，采用泥浆作为冲洗液时，则应选择较低的提升速度（0.5～1.5m/s）。

当钻孔较深的时候，钢丝绳在绞车卷筒上的缠绕速度会越来越大，有时满卷筒比空卷筒提升速度要翻倍增加，所以，有条件最好选用恒定功率的液压绞车。

7.1.2.2 绞车负荷

在一定孔深的条件下，开始提升时绞车负荷最大，随着提升，钢丝绳质量和冲洗液的阻力逐渐减小，绞车的提升负荷也随之减小。所以绞车的提升载荷应按最大孔深时的负荷计算。

工作时，绞车的提升质量 Q 应按式（7-1）计算。

$$Q = Q_1 + Q_2 + Q_3 + Q_4 \qquad (7\text{-}1)$$

式中　Q_1——内管总成质量；

　　　Q_2——内管中的岩心质量（满管时）；

　　　Q_3——最大孔深时用于提升的钢丝绳的质量；

　　　Q_4——冲洗液的阻力，此值与提升速度、孔内水柱高度、内管总成长度、冲洗液种类和内管总成与钻杆的环空间隙等因素有关。

为此，确定孔深条件下绞车承担的最大负荷 Q_{max} 应按式（7-2）计算。

$$Q_{max} = K_1 \cdot K_2 \cdot K_3 \cdot Q \qquad (7\text{-}2)$$

式中　K_1——考虑内管卡塞等因素预留的能力系数，可取 1.5～2；

　　　K_2——浮力系数，由于泥浆密度不同而不同，$K_2 = 1 - 0.128\rho_m$，ρ_m 为泥浆密度；

　　　K_3——惯性系数，突然启动所造成的惯性力，可取 1.1～1.3。

7.1.2.3 动力机工作最大功率

绞车动力机最大工作功率 N 的计算见式（7-3）。

$$N = \frac{v \cdot Q_{max}}{75\eta} \qquad (7\text{-}3)$$

式中　Q_{max}——绞车承受的负荷，kg；

　　　v——提升绞车的最大速度，m/s；

　　　η——导向滑轮系统的效率系数，η 可取 0.9。

实际选取绳索取心绞车的额定功率应该不低于上述计算的绳索取心绞车用的功率。

7.1.2.4 卷筒基本参数

卷筒参数确定步骤如下：

（1）根据钻孔深度计算钢丝绳最大负荷 Q_{max}（见式（7-2））；

（2）根据计算负荷选用钢丝绳的规格；

（3）确定钢丝绳容量，一般比计算值大 30% ~ 50%；

（4）确定卷筒直径，一般为 110 ~ 185mm 为宜；

（5）确定卷筒长度，主要根据钢丝绳长度和规格确定，其范围在 300 ~ 450mm 之间。

各规格参数对绳索取心绞车的应用是有影响的。卷筒直径越大，钢丝绳缠绕时所受弯曲交变应力越小，可以延长钢丝绳使用寿命，但是卷筒尺寸、质量和扭矩也随之增加。反之，卷筒尺寸、质量和扭矩减小，但钢丝绳缠绕时曲率半径小，工作条件差。所以，应根据绳索取心绞车的工作特点和选用的钢丝绳规格选择合适的卷筒直径。钻孔较深时，采用较长的卷筒，以减小排绳层数。钢丝绳缠绕层次少，可以减少多层钢丝绳因互相挤压与摩擦而造成的损耗。卷筒增长，钢丝绳不易排列整齐，可将绞车定滑轮位置增高，以便减小钢丝绳摆动角度，有利排绳。

7.1.3　绳索取心绞车类型

绳索取心绞车类型很多，但无外乎两大类，即：钻机动力驱动型和独立动力驱动型。可根据施工现场的技术条件，选用不同类型的绞车。

7.1.3.1　钻机动力驱动绞车

钻机动力驱动绞车可分为液压驱动绞车和机械传动绞车。

（1）液压驱动绞车。它是由钻机的液压系统通过液压马达带动卷筒旋转，其结构如图 7-1 所示。这种绞车结构简单，可无级变速，既可安装在钻机上，也可单独安装，操作方便。

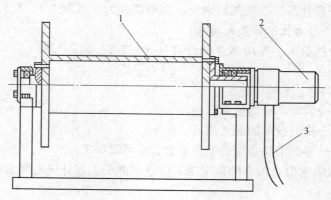

图 7-1　绳索取心液压绞车

1—卷筒；2—液压马达；3—油罐

（2）机械传动绞车。它是由钻机升降机心轴通过链轮和链条带动卷筒旋转。其结构如图7-2所示，外形如图7-3所示。该型绞车安装在钻机升降机的后侧，通过链条将动力从钻机绞车的猫头轮传到绳索取心绞车。

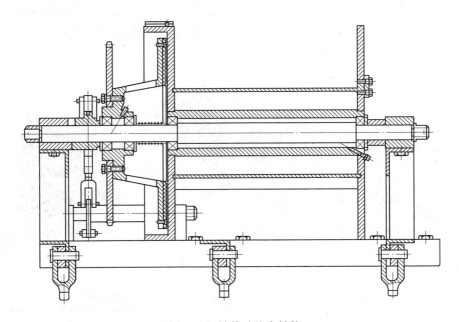

图7-2　机械传动绞车结构

图7-3　机械传动绞车外形

这种绞车具有结构简单、安装紧凑、不需要专用动力等优点。

7.1.3.2　单独驱动绞车

单独驱动绞车单独安装，采用汽油机、柴油机或电动机作动力。

（1）JS 系列绳索取心绞车。JS 系列绳索取心绞车是目前市场上应用较多的绳索取心绞车，该系列绞车是唐山金石生产的，该系列绞车采用人性化的设计理念，它具有更安全、安装位置可任意选择、操作方便、提升时噪音小、钢丝绳排列整齐、机械磨损小等优点。图 7-4 所示为唐山金石 JS 绳索取心绞车外观，表 7-1 所示为唐山金石 JS 系列绳索取心绞车基本结构说明。其中 JS – 3000 型已应用汶川科学钻探孔的施工。

图 7-4　JS 绳索取心绞车外观

表 7-1　唐山金石 JS 系列绳索取心绞车基本结构说明

规　格	传动方式	变　速	备　注
JS – 600	皮带	两挡	电动、柴油动力
JS – 1000	齿轮箱	三挡	电动、柴油动力
JS – 1500	齿轮箱	三挡	电动、柴油动力
JS – 2000	齿轮箱	三挡	电动、柴油动力
JS – 2500	齿轮箱	六挡	电动、柴油动力
JS – 3000	齿轮箱	六挡	有计数、排绳功能

（2）JSJ 系列绳索取心绞车。该系列绳索取心绞车是较早应用的一款绞车，主要结构特点如下：

1）卷扬机采用了游星齿轮机构，具有两个操作手把，与 XU – 600 型钻机相同，适合钻工的操作习惯。

2）变速箱是一个四轴三级齿轮传动减速箱，具有三个输入速度，变速由一个手把操纵，动力输入轴和电动机用弹性套柱销联轴器连接，变速箱动力输出轴即卷筒轴，变速箱体是卷筒轴的一个支承座，结构简单，传动平稳，电动机的安装和拆除都很方便。表 7-2 是 JSJ – 1000 型绳索取心绞车的主要技术参数。

表 7-2 JSJ – 1000 型绳索取心绞车的主要技术参数

卷筒尺寸/mm	直　径	168
	外缘直径	400
	长　度	325
卷筒容量（ϕ5.3mm 钢丝绳)/m		1200
提升速度/m·s^{-1}	Ⅰ	0.78
	Ⅱ	1.61
	Ⅲ	2.91
提升负荷/kg	Ⅰ	871
	Ⅱ	581
	Ⅲ	294
外形尺寸（长×宽×高)/mm×mm×mm		860×650×860
质量/kg		300
动力机/kW		5.5

（3）SJ – X 型绞车。它由离合器、变速箱、游星齿轮机构等部件组成，主要特点如下：

1）离合器通用性好，体积小；

2）变速箱结构简单，三级变速，可以满足不同地层和孔深钻进的需要；

3）游星齿轮机构传动比大；

4）既可采用电动机，也可采用柴油机作动力，应用范围广，使用方便。

SJ – X 型绞车主要技术规格见表 7-3。

表 7-3 SJ – X 型绞车主要技术参数

项　目		规　格	备　注
卷筒尺寸/mm	直径	180	
	长度	420	
	轮缘直径	440	
钢丝绳容量/m		1500	ϕ5.3mm 钢丝绳
提升速度 /m·s^{-1}	Ⅰ	0.8	平均线速度
	Ⅱ	1.3	
	Ⅲ	2.1	
最大提升负荷 /kg	Ⅰ	893	空卷筒时的提升负荷
	Ⅱ	543	
	Ⅲ	343	

7.1.4　钢丝绳的选择及合理使用

7.1.4.1　钢丝绳的选择

钢丝绳质量的优劣对绳索取心钻进影响较大。应选择具有耐腐蚀、柔性好、耐磨损的优质钢丝绳，如 6×19 交互捻绳纤维芯钢丝绳。一般根据钻孔深度选择钢丝绳的粗细和长度，钢丝绳长度一般比计算值长 30% ~ 50%，其直径可根据绞车最大提升负荷确定，应满足式（7-4）要求。

$$Q_{max} \cdot n \leqslant S_p \tag{7-4}$$

式中　Q_{max}——绞车最大提升负荷，kg；

　　　　n——安全系数，$n = 2.5 \sim 3$；

　　　　S_p——钢丝绳的破断拉力，kg。

如已知绞车的最大提升负荷，可由上式计算出钢丝绳的破断拉力值 S_p，然后查表选取钢丝绳直径。但是具体选择时，还要考虑施工钻孔的口径、深度、冲洗液种类等。

7.1.4.2　钢丝绳的合理使用

除了选用合适规格的优质钢丝绳外，还必须注意合理使用，才能延长钢丝绳使用寿命，减少捞取岩心故障，降低钻探成本。钢丝绳在使用中应注意以下事项：

（1）安装单独驱动绞车时，尽量使卷筒中心和孔口中心的连线与卷筒轴保持垂直。并安装 2 ~ 3 个滑轮导向，一个滑轮安装在钻塔天车轴上，对准孔口，另一个安装在钻塔适当部位对准卷筒长度的中心。导向滑轮应具有轴承，承载能力为 1.5 ~ 2.5t 为宜。

（2）采用排绳机构或借助人力保证排绳均匀整齐。

（3）打捞时，孔口钻杆母螺纹应拧上护丝，以减少螺纹对钢丝绳的磨损。

（4）钢丝绳与打捞器的连接处除了打捞时承受拉伸负荷外，还经常承受弯曲、扭转等应力，因而钢丝绳易在打捞器尾部损坏。所以钢丝绳和打捞器应采用合理的连接形式如采用索具套环、绳卡套和绳卡等。

（5）打捞速度不宜过快，以免影响钢丝绳在卷筒上的排列，而且防止打捞途中突然遇阻时，由于惯性作用使钢丝绳承受较大的拉伸负荷而损坏。

（6）使用过程中，钢丝绳发生破股、断股等现象，应及时修复，多处发生断股应更换。

7.1.5　绞车排绳机构

绳索取心绞车的排绳机构基本有两种类型：一种是被动式，另一种是主动式。被动式是在卷筒前安装一个与卷筒心轴平行的横杆，横杆上装有滑轮，打捞时，钢丝绳随着滑轮在横杆上的左右移动而均匀排列；主动式排绳机构是由排绳机构带动钢丝绳左右摆动。主动式排绳机构使用效果较好。

7.1.5.1 山西214队的排绳机构

山西214队的排绳机构如图7-5所示。

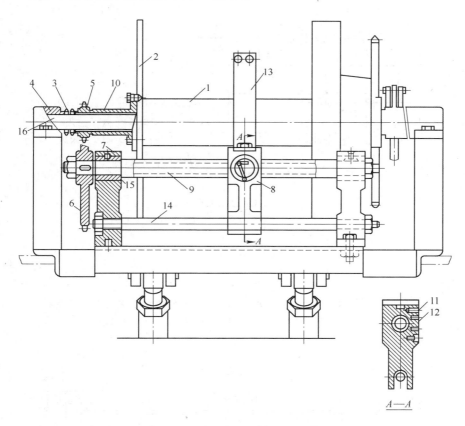

图 7-5　山西214队的排绳机构

1—绞车卷筒；2—绞车盘；3—推力轴承；4—轴座；5—小链轮；6—大链轮；7—丝杠轴承座；
8—往复导向体；9—往复丝杠；10—空心轴承；11—月牙键；12—外挡板；
13—拨叉支架；14—导向杆；15—丝杠套筒；16—心轴

排绳机构安装在S56J-1机装绞车上，由小链轮（5）、大链轮（6）、往复导向体（8）、往复丝杠（9）、拨叉支架（13）、导向杆（14）等组成。当绞车转动时，便通过小链轮、链条、大链轮带动往复丝杠转动。由于往复丝杠具有正反螺旋扣，正反螺旋牙底两端相交，导向体上的月牙键则沿着螺旋槽移动，当行至丝杠一端时，在两槽交叉点凹缘的作用下滑行至另一槽，使导向体反向运动。导向体与拨叉支架连为一体，钢丝绳位于拨叉支架的两拨叉之间，这样当导向体在往复丝杠上左右移动时，由拨叉带动钢丝绳作相应运动。

7.1.5.2 前苏联的排绳机构

前苏联绳索取心绞车的排绳机构传动示意图和排绳机构的结构如图7-6和图7-7所示。

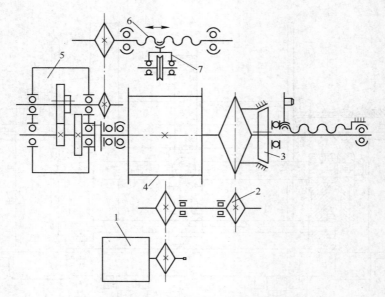

图 7-6 前苏联绳索取心绞车排绳机构传动示意图

1—动力机；2—皮带轮；3—制动块；4—卷筒；5—变速机构；

6—往复丝杠；7—导向体

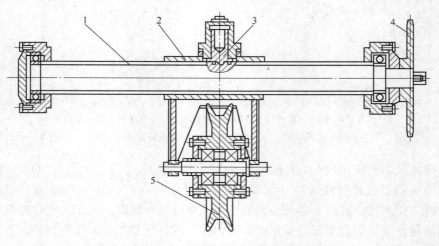

图 7-7 绞车排绳机构往复丝杠部分的结构

1—往复丝杠；2—导向套；3—滑块；4—链轮；5—导向轮

7.2 夹持器

7.2.1 夹持器的种类和对夹持器的要求

绳索取心钻杆接头无缺口，提下钻时不能使用垫叉，必须采用适合夹持外平钻杆的夹持器。

7.2.1.1 夹持器的种类

绳索取心夹持器分为人力操作夹持器和液压夹持器，前者又可分为木马夹持器、球卡夹持器和滚柱式卡瓦夹持器。

7.2.1.2 对夹持器的要求

（1）夹持钻杆要牢固；

（2）夹紧钻杆时，不发生将钻杆夹出沟槽、凹坑等损伤钻杆现象；

（3）钻进时，夹持器不影响立轴行程和主动钻杆回转；

（4）夹持器的夹持部件能耐磨损，使用寿命长，并且便于更换；

（5）操作方便，易于安装与拆卸。

7.2.2 人力操作夹持器

7.2.2.1 木马夹持器

木马夹持器外形如图7-8所示，其工作原理如图7-9所示，夹持钻杆时，具有椭圆重头（5）的两个偏心座（2）分别借其支点向下转动，从而向前推动卡瓦（4）将钻杆（3）夹紧。由于钻杆自重作用，进一步带动卡瓦和椭圆重头向下，钻杆越重，夹持越紧。松开钻杆时，在提升钻杆柱的同时，脚踩偏心座的踏板（1），偏心座在以其支点转动的同时，通过曲柄连

图7-8 木马夹持器外形

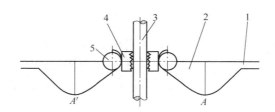

图7-9 木马夹持器工作原理简图

1—踏板；2—偏心座；3—钻杆；4—卡瓦；5—椭圆重头

杆机构使另一个偏心座也转动，从而两个椭圆重头向上，把夹紧的钻杆松开。木马夹持器技术结构如图7-10所示。

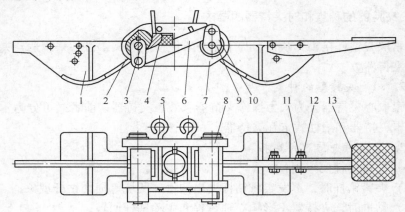

图 7-10　木马夹持器技术结构

1—偏心座；2，7—键；3—轴；4—卡瓦；5—安全栓；6—连杆；8—夹持板；
9—曲柄；10—圆柱销；11—螺母；12—螺栓；13—脚踏板

要实现安全夹持，木马夹持器的应用必须满足如下技术要求：

（1）夹持器放入专用底座中，安装时底座应与孔口中心线保持垂直，使两个偏心座在其支点转动自如。

（2）曲柄连杆机构动作灵活，保证两个偏心座同步转动。

（3）偏心座椭圆重头表面高频淬火，硬度 HRC45～50，防止出现因其磨损而不能向前挤紧卡瓦的情况。

（4）卡瓦是夹持器的主要零件，它必须采用碳素工具钢（T7、T8等）制作，其牙齿加工成相互交错的左右螺纹，淬火硬度 HRC55～62，以提高其耐磨性。

（5）卡瓦牙齿进入油污或其他污垢后，要及时清洗干净，如发生严重磨损，应及时更换。

由于这种夹持器结构简单，夹持牢固，坚固耐用，钻进时只需提出卡瓦就能正常钻进，因而国内外广泛采用。

7.2.2.2　球卡夹持器

球卡夹持器如图7-11所示，夹持钻杆时，借助弹簧力量向下推内卡套，使卡饼沿具有 8°～10°锥度的卡瓦向下，并逐渐向内突出，从而夹紧钻杆；松开钻杆时，脚踩拨叉的脚踏板，使内卡套压缩弹簧向上移动，卡饼沿卡瓦锥面向上并向外移动，从而松开夹紧的钻杆。

球卡夹持器夹持钻杆牢固，操作也比较方便。但由于存在着下述缺点：卡饼与钻杆是点接触，易将钻杆夹挤变形；钻进时需将夹持器撤离孔口，否则影响立

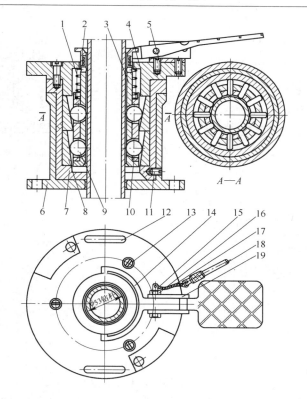

图 7-11　球卡夹持器

1—弹簧；2—卡套帽；3—内卡套；4—压盖；5，11，13—螺钉；6—底座；7—承托；
8—卡瓦；9—卡块；10—外卡套；12—提耳；14—拨叉；15—螺栓；16—螺母；
17—固定链；18—锁门；19—拨叉托

轴行程；卸钻杆时，如果夹持钻杆柱质量较轻，则易出现跟着旋转，需另备钻杆钳夹持。所以球卡夹持器实际使用较少，一般仅用于浅孔。

7.2.2.3　滚柱式卡瓦夹持器

滚柱式卡瓦夹持器由外承压板（2）、滚柱（4）、卡瓦（7）、齿条（12）、伞形齿块（13）等零件组成，如图 7-12 所示。其结构原理与球卡夹持器基本相同，也是利用钻杆自重锁紧原理。夹紧钻杆时，用手向上提拉手柄杆，两个伞形齿块通过齿条带动卡瓦及与卡瓦相连的滑块，内承压板和滚柱一起向下运动，从而把钻杆夹持紧。松开钻杆时，动作与此相反。钻进时，取出卡瓦，用手向下压手柄杆，把伞形齿块用固定销固定在向上靠外的位置，以免与主动钻杆发生敲击。

7.2.2.4　新型滚柱夹持器

新型滚柱夹持器是由河北省地矿局探矿技术研究院和河南省地质矿产勘查开发局第四地质探矿队联合研制的，其结构如图 7-13 所示。

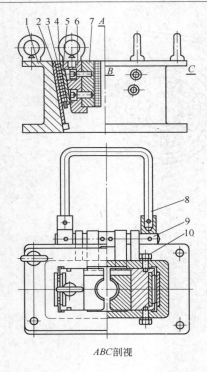

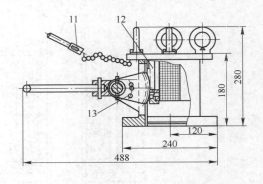

ABC剖视

图 7-12　滚柱式卡瓦夹持器

1—基座；2—外承压板；3—支撑架；4—滚柱；5—内承压板；6—滑块；7—卡瓦；8—手柄杆；
9—卡紧轴；10—导向螺钉；11—固定销；12—齿条；13—伞形齿块

新型滚柱绳索夹持器主要特点如下：

（1）该绳索夹持器整体稳定性好；

（2）具有夹持自锁性，夹持更牢固；

（3）通用性强，可夹持多种规格的钻杆（柱）；

（4）可调性强，既能适应钻进直孔，也能适应钻进斜孔；

（5）运动部件磨损后能够及时自动补偿，延长使用寿命；

（6）脚踏式，操作灵活可靠，省时省力。

绳索夹持器主要技术指标如下：

（1）失稳率 <1%；

（2）夹持牢固率 100%；

（3）可夹持 $\phi33 \sim 114mm$ 钻杆（柱）；

（4）使用寿命提高 2～3 倍。

7.2.2.5　液压夹持器

为了减轻劳动强度，节省人力，国内外研制了夹持外平钻杆的液压夹持器。

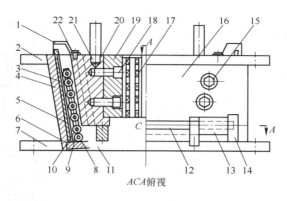

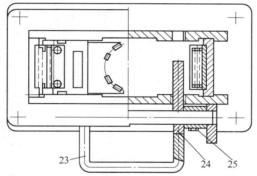

图 7-13 夹持器的基本结构

1—护罩；2—上框板；3—螺栓；4，16—侧立板；5—滚轮滑板；6—托板；7—下框板；
8—滚轮架板；9—滚轮；10—滚轮轴；11—滚轮顶轴；12—脚踏轴；13—脚踏套；
14—支板；15—导正螺栓；17—合金块；18—卡瓦固定螺栓；19—卡瓦；
20—卡瓦座；21—提环；22—护罩固定螺栓；23—脚踏杆；
24—脚踏顶钩板；25—脚踏轴螺栓

冶金探矿研究所研制的 TK-2 型液压夹持器，如图 7-14 所示。

A　主要技术性能

主要技术性能见表 7-4。

表 7-4　TK-2 型液压夹持器主要技术性能

适用孔深/m	0~1500	工作油压/kg·cm^{-2}	20~30
适用倾角/(°)	60~90	外形尺寸(长×宽×高) /mm×mm×mm	600×200×220
夹持器管径/mm	φ43~70 (需配相应卡瓦)	质量/kg	约80

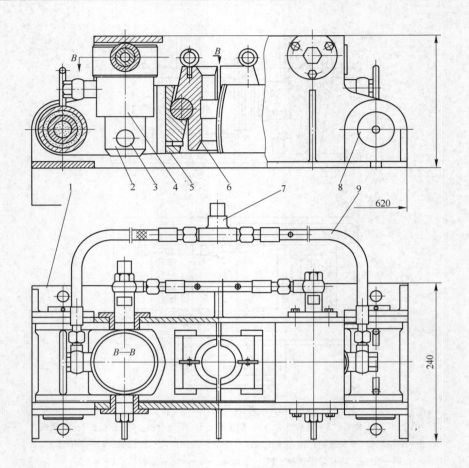

图 7-14 TK-2 型液压夹持器

1—箱体；2—活塞杆；3—连轴；4—油缸；5—摇臂；6—卡瓦；
7—三通油接头；8—壳体；9—油管

B 结构原理

基本原理是利用油压夹持，钻杆自重锁紧。它由活塞杆（2）、连轴（3）、油缸（4）、摇臂（5）、卡瓦（6）等零件组成。通过高压油管与钻机的液压系统相连，卡瓦放在摇臂支座上，两油缸通过活塞杆和连轴驱动两摇臂上下运动。当上腔进油时，活塞杆和连轴向下运动，由于摇臂与卡瓦呈半圆弧接触并具有一个倾斜面，所以当拦臂向下运动时，则推动卡瓦向前运动，使其夹紧钻杆。因锁闭原理，钻杆越重，夹持越紧，当下油腔进油时，活塞杆和连杆带动摇臂向上运动，卡瓦后退，松开钻杆。

C 主要特点

(1) 摇臂具有齿圈，工作时，两摇臂的齿圈互相啮合，因此，可以保证两摇臂上下运动保持同步。

(2) 卡瓦内表面镶入 32 块八角柱状合金，并与卡瓦内表面齐平，工作时与钻杆接触面积大，不仅不损伤钻杆，还可减少卡瓦磨损，延长其使用寿命。

(3) 卡瓦在摇臂支座上能自动调整角度，即在任何情况下，卡瓦能与钻杆保持良好接触。

(4) 卡瓦能自由取下，中间空出 91mm×110mm 的长方孔，钻进时不会出现钻杆与夹持器互相碰撞的现象。

TK-2 型油压夹持器经冶金系统十几个地质队生产试用表明，其结构合理，性能可靠，使用方便。

7.3 提引器

提引器用于升降外平钻杆，有两种基本形式，即球卡提引器和手搓提引器。

7.3.1 球卡提引器

球卡提引器由卡瓦（3）、钢球（4）、卡套（6），弹簧（7）、拨叉（9）、扳手（10）等零件组成，如图 7-15 所示。其工作原理与球卡夹持器基本相同。提升钻杆时，借助弹簧力量向下推动卡套，使钢球沿着具有锥度的卡瓦向下滚动，与此同时，钢球向内突出，卡住钻杆，而钻杆质量又带动钢球向下，从而把钻杆牢牢夹紧并提升上来。松开钻杆时，用力搬动拨叉扳手，使卡套压缩弹簧带动钢球向上运动，由于锥度作用，钢球向外移动，从而把卡紧的钻杆松开。根据钻孔深度和钻杆规格的不同，钢球的排数也不相同，有三排、四排（一般每排六个钢球）等。主要技术规格与所用钻杆配套。

该型提引器具有操作方便、节省时间、减轻劳动强度等优点，目前地质系统使用较广泛。但该型提引器在钻孔较深（超过 500m）时，钻杆质量加大，提升钻杆时钢球在钻杆与卡瓦间楔紧，不易松开，并有夹伤钻杆接头的现象，所以，在使用中应特别注意。

球卡提引器能自动爬杆，如钻塔上配备有移摆管机构，可实现塔上无人操作。由于自动爬杆不能平行作业，降低了升降速度，因此一般都不采用自动爬杆。

7.3.2 手搓提引器

手搓提引器是最简单的提引器，其下端有一个与钻杆螺纹相同的接头，采用螺纹连接方式把外钻杆提升上来，如图 7-16 所示。

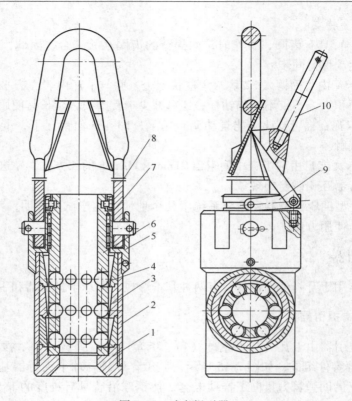

图 7-15　球卡提引器

1—底座；2—壳体；3—卡瓦；4—钢球；5—压盖；6—卡套；
7—弹簧；8—提梁；9—拨叉；10—扳手

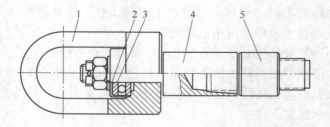

图 7-16　手搓提引器

1—吊环；2—挡盖；3—轴承；4—联轴；5—提引接头

　　由于这种提引器使用起来安全可靠，被目前国内外普遍采用。但升降钻杆时，需要频繁拧卸螺纹接头，尤其是塔上拧卸不方便。鉴于上述情况，我国有的地质队采用了钻杆立根加蘑菇头，使用自脱式提引器进行升降，实现了塔上无人。

7.4 拧卸工具

绳索取心拧卸工具包括钻杆钳、拧管机、内管钳及专用卡簧座扳手等，用来拧卸外平钻杆、内外管和钻头等。由于绳索取心钻进所用管材壁薄，有些管材表面经高频淬火很硬，在使用过程中外表面还经常形成一层很薄的油膜，拧卸时易于将钻杆和内外管夹扁或产生打滑现象。所以，选择安全可靠、灵活耐用的拧卸工具，对于延长钻杆和钻具的使用寿命，加快钻杆升降速度，提高钻进效率，都具有重要意义。

7.4.1 钻杆钳

拧卸外平钻杆的钻杆钳种类有管钳、合金自由钳、更换块自由钳、电镀金刚石自由钳等。因管钳易咬伤钻杆，所以很少用于拧卸绳索取心钻杆，一般都采用自由钳。自由钳形式多样，如图 7-17 所示。下面介绍几种典型的自由钳。

图 7-17　自由钳

（1）合金自由钳。常用合金自由钳如图 7-18 所示。这种钳子结构简单，各野外队及修配厂均能加工。加工时为保证三块钳板的同心度，应先粗加工出三块钳板，用销钉串好，在 10mm 开口处点焊住，然后在机床上车或镗内圆，镶嵌合金时应尽量保证其出刃在同一个圆周上，以便拧卸钻杆时，使各合金点受力均

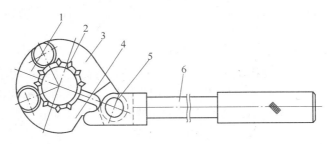

图 7-18　合金自由钳
1—中片；2—合金；3—压片；4—下片；5—铆钉；6—手把

匀，这样不仅可以减少合金磨损，延长使用寿命，还能够防止合金咬伤钻杆。一般钻杆钳采用 5×5×10 方柱合金，咬合角为 90°。如果合金磨钝，可以重新镶焊。

（2）可更换块自由钳。可更换块自由钳结构如图 7-19 所示。这种钳子每个更换压块上镶嵌三排规格为 5×5×10 的方柱状合金，合金的镶嵌角受力面为 20°，另一面为 70°。这样，在拧卸过程中，合金的磨损具有自锐作用，可以保持钳子牙口锋利；如果合金磨钝，则只需更换钳子压块即可。因此它具有拧卸钻杆时不易打滑、使用寿命长及更换压块方便的优点。

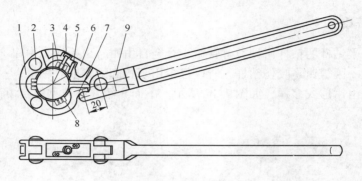

图 7-19 可更换块自由钳
1—中间板；2—铆钉；3—可换压块；4—连接铆钉；5—定位销；
6—连板；7—锁紧板；8—合金；9—手把

（3）电镀金刚石自由钳。电镀金刚石自由钳钳子两块压板的内表面电镀了 0.147~0.177mm 的人造金刚石，镀层厚度 0.4mm。拧卸钻杆时，因金刚石颗粒小，接触点多，面积大，故不易损伤管材，也可用于拧卸内管。另外，这种钳子还具有结构简单、质量轻，使用方便的特点。

（4）革新钻杆钳。自由钳是使用多，损耗快的一种常用工具。在生产实践中，广大工人和技术人员为解决自由钳易打滑、易损坏的问题，改进和革新了自由钳，如图 7-20 所示，这种钳子更换卡块方便，卡固牢固，不打滑。

7.4.2 拧管机

目前的中浅孔工程勘探施工中，机械化的钻杆拧卸设备只适用于有切口的钻杆，夹持部分通常采用垫叉，拧卸部分采用自由钳，利用棘轮棘爪或是齿轮齿条结构驱动转盘带动垫叉转动，从而实现钻杆的拧卸，控制部分一般采用机械操作和液压操作，代表机型有 NY－3，如图 7-21 所示。

这类拧管机存在以下问题：

（1）大多适用于中浅孔或小扭矩情况下的钻杆拧卸，其冲扣或预紧是通过

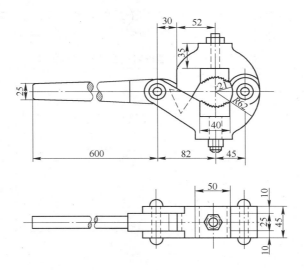

图 7-20 革新自由钳

图 7-21 NY-3 型拧管机

打叉的冲击完成的，拧卸过程中，负载波动量大、冲击大，严重影响钻机寿命。

（2）拧管机未很好地解决拧卸钻杆过程中的轴向浮动问题，造成钻杆丝扣磨损的加剧。

（3）现有的拧管机没有自动对心功能。在上下钻杆对接时如果两钻杆的中心不在一条直线上，对接时容易乱扣破坏丝扣从而缩短钻杆的使用寿命。

为了加快钻杆的拧卸速度，减轻劳动强度，近几年来，国内外研制了用于拧卸绳索取心钻杆的拧管机。

7.4.2.1 JSN-56 型拧管机

A JSN-56 型拧管机主要技术性能

JSN-56 型拧管机是市场上出现较早的绳索取心拧管机，在生产实践中，不断改进完善，同时，针对夹持机构的卡瓦易磨损、拧卸机构有时咬伤钻杆的问题，在实践中进行不断研究改进，取得了较好的使用效果。主要技术性能见表7-5，结构如图7-22所示。

表7-5　JSN-56型拧管机主要技术性能

项　　目	技术参数	备　　注
适用孔深/m	600	
适用钻孔倾角/(°)	75~90	
转盘转速/r·min⁻¹	60~80	
转盘扭矩/kg·m	42	
助推油缸扭矩/kg·m	436	
助推油缸行程/mm	140	
通孔直径/mm	62	
机体高度/mm	180	直孔
外形尺寸（长×宽×高)/mm×mm×mm	940×418×495	
质量/kg	190	包括斜孔支架

B　结构原理

JSN-56型拧管机由钻机的液压系统操纵，包括夹持机构和拧卸机构两大部分。夹持机构由油缸（1）、活塞（2）、活塞杆（3）、杠杆支架（4）、杠杆（5）、圆锥筒（6）、套筒（7）、卡瓦（8）等零件组成，拧卸机构由油马达（9）、空心轴（10）、齿轮（11）、齿圈（12）、滑动轴承（13）、棘轮转盘（14）、弹簧（15）、转盘立柱（16）、转盘（17）、夹持套（18）、滚柱架（19）、滚柱（20）、助推油缸（21）等零件组成，如图7-22所示。

夹持钻杆时，压力油进入油缸（1）的下腔，推动活塞（2）向上运动，这样便通过活塞杆（3）、杠杆支架（4）、套筒（7）使位于套筒内的卡瓦（8）在圆锥筒（6）的斜面上向下移动，从而卡住钻杆；反之，则松开钻杆。拧卸钻杆时，油马达（9）通过齿轮（11）、齿圈（12）、棘轮转盘（14）和转盘立柱（16）带动夹持套（18）回转，而滚柱架（19）是固定不动的，此时滚柱（20）被迫沿夹持套圆弧面滚动，向夹持套中心靠拢。直至卡住钻杆并带动钻杆卸扣和上扣。滚柱式拧卸器的工作原理如图7-23所示。卸扣时，缓冲弹簧（15）有上举卸开立根的作用，对钻杆螺纹可起到保护作用。另外，它还有一个助推油缸（21），如果钻杆因回转负荷较大需要较大的卸扣扭矩时，可以借助助推油缸卸开第一扣。

C　主要特点

（1）液压夹持机构夹持力大，并有一定的自锁能力，性能可靠。

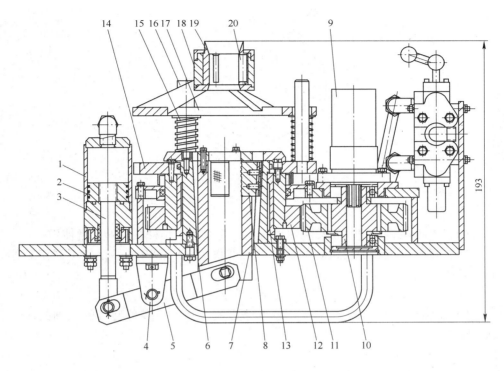

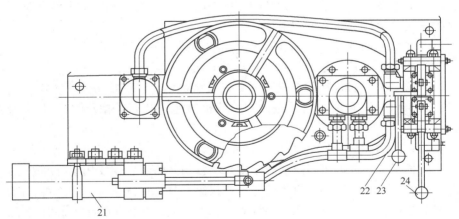

图 7-22 JSN-56 拧管机结构

1—油缸；2—活塞；3—活塞杆；4—杠杆支架；5—杠杆；6—圆锥筒；7—套筒；8—卡瓦；
9—油马达；10—空心轴；11—齿轮；12—齿圈；13—滑动轴承；14—棘轮转盘；15—弹簧；
16—转盘立柱；17—转盘；18—夹持套；19—滚柱架；20—滚柱；21—助推油缸；
22—操作阀总成；23—夹持控制手把；24—拧卸控制手把

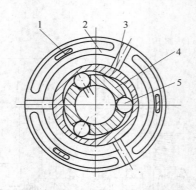

图 7-23　滚柱式拧卸器工作原理图
1—转盘立柱；2—转盘；3—夹持套；4—滚柱架；5—滚柱

（2）拧卸机构转盘的扭矩和速度适中，将有利于钻杆接头的正常使用。

（3）助推油缸和油马达既可单动，又可联动，从而满足了钻杆不同扭矩拧卸的需要。

（4）采用"迷宫"和毡圈双重密封，防水性能好。

（5）零部件加工工艺简单，拆装维修方便，并可与多种型号的立轴式液压钻机配套使用。

D　操作注意事项

由于绳索取心钻杆采用了大螺距、低扣高的锥形螺纹，而且管壁较薄，所以使用拧管机时要特别注意下列事项：

（1）拧卸钻杆时应扶直对正，使上下立根成一条直线。

（2）拧扣时，应先手搓上扣，再用拧管机拧紧。

（3）卸扣时，拧卸机构应夹持在钻杆接头部位，以免咬伤钻杆体。

（4）卸开第一扣后，应严格控制拧管机转速，卸完丝扣及时停机，以防损坏螺纹。

7.4.2.2　美国长年公司自动预扭拧管机

美国长年公司最近研制成功的新型自动预扭拧管机，主要用于拧卸外平的绳索取心钻杆。该拧管机由钻机的液压系统操纵并具有控制系统，它既可以卸开拧得很紧的钻杆，也可以对下孔的钻杆进行预拧，因而防止了管钳拧卸时对钻杆的损伤，延长了钻杆使用寿命。据称，这种拧管机结构简单，牢固耐用，易于操作和维修，并且还能用于其他公司生产的液压钻机。主要技术性能见表7-6。

7.4.2.3　内管拧卸工具

因绳索取心内管壁很薄，故不能采用普通管钳和合金自由钳拧卸，必须使用专门的拧卸工具——内管钳和卡簧座扳手。

表 7-6　长年公司自动预扭拧管机主要技术参数

项　　目	技术性能	项　　目	技术性能
拧卸钻杆尺寸/mm	44.5 ~ 94	控制装置	全液压
最大工作扭矩/kg·m	35	油泵压力/kg·cm^{-2}	52.7
最大拧卸扭矩/kg·m	387	油泵排量/L·min^{-1}	75.7
夹持钻杆质量/t	20	适用钻孔倾角/(°)	45 ~ 90
拧卸单个丝扣时间/s	约8	拧管机在固定位置 外形尺寸(长×宽×高) /mm×mm×mm	886×305×813 (移去卡盘时 高度为533)
卡瓦类型	硬质合金镶嵌型	总重量/kg	297

拧卸无水口的卡簧座和内管,应使用压块内表面电镀、烧结或喷涂合金粉末或人造金刚石的自由钳,如无锡钻探工具厂生产的电镀金刚石自由钳。国外常用绳索取心内管钳与其相似。

拧卸具有水口的卡簧座则使用专门的卡簧座扳手,如图7-24所示。拧卸时,将卡簧座套入卡簧座扳手,使扳手的内凸爪卡入卡簧座水口,旋转手把即可拧卸,现场操作使用十分方便。

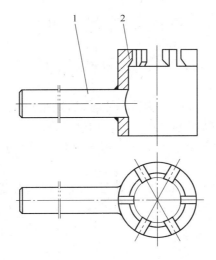

图 7-24　卡簧座扳手

1—手把;2—扳手

8　绳索取心钻具的装配、使用、维护及故障排除

对于不同的绳索取心钻具的装配应接受相应的培训，特别是派生出来的绳索取心钻具，由于结构变化，需要进行专门的培训，了解装配要点及装配顺序。常规绳索取心钻具的装配具有借鉴作用，下面介绍的是常用普通绳索取心钻具的装配及维护使用要点。

8.1　钻具下孔前的组装、检查和调整

绳索取心钻具下孔前，首先按照装配图分别组装好内外管总成和打捞器，并对钻具的主要零部件进行认真检查，然后把内管总成装入外管总成，调整内外管的长度配合，并用打捞器试捞内管总成，确认合乎技术要求后方能下孔使用。

8.1.1　外管总成的组装和检查

外管总成由钻头、扩孔器、稳定器、外管、弹卡室，弹卡挡头、座环及扶正环组成。组装时应注意下列事项：

（1）外管总成中上装稳定器，下装扩孔器，上稳定器外径应略小于下扩孔器外径。

（2）装入座环和扶正环时，应放平摆正后用手推入，禁止用铁器敲击，以防损伤螺纹或使座环及扶正环变形，影响内管升降。

（3）外管平直度要符合规定要求，每米弯曲度不大于0.30mm，否则应进行矫直。

（4）外管总成的螺纹连接处要涂抹丝扣油，以增强螺纹的密封性能，防止冲洗液漏失，同时还可方便拧卸。

8.1.2　内管总成的组装和检查

内管总成由捞矛头、弹卡、单动轴承、内管、卡簧座等零部件组成。组装内管总成时应注意下列事项：

（1）各零部件连接丝扣应拧紧，尤其是卡簧座应拧紧适度，既防止钻进过程中倒扣，避免因管子壁薄而将管子压皱或引起变形。

（2）所有弹性销的开口方向都应一致向下或向上，以改善其受力状态，防止弹性销松动。

（3）组装弹卡机构时，应先将回收管装入弹卡架，通过回收管和弹卡架的槽装入弹卡和张簧，最后通过回收管的装配孔把弹性销打入。装入的弹卡动作应灵活，用手轻轻拉动捞矛头，回收管即可使弹卡缩回（两翼间距应小于或等于回收管直径），推下回收管，弹卡应立刻张开，其两翼间距大于弹卡室内径，并应涂润滑油，以减小弹卡活动时的摩擦力。

（4）如果钻具配有到位报信机构，应根据钻孔深度调节工作弹簧的力量，一般浅孔预紧力要小。

（5）轴承套内注满黄油，轴承应单动灵活。

（6）卡簧座、内管和内管总成上部连接必须同轴，内管要求光滑平直，不得有弯曲或局部出现凹坑等现象。

（7）卡簧内径必须与钻头内径配合适当。根据钻进地层的不同，一般卡簧的自由内径应比钻头内径小 0.5mm。若卡簧过小，易发生岩心堵塞，过大则卡不牢岩心，造成岩心脱落。

8.1.3　打捞器的组装和检查

将打捞器与绳索取心绞车的钢丝绳相连接，并进行以下检查：

（1）打捞钩要安装周正，不能向一侧偏斜。

（2）尾部弹簧应工作灵活可靠，头部张开距离以 8 ~ 12mm 为宜。

（3）脱卡管切实能起到使打捞钩实现安全脱卡的作用。其方法是把脱卡管套在打捞器上，用手向下轻轻推动脱卡管即可罩住打捞钩的尾部，并能使其头部张开（张开距离应大于内管总成的捞矛头直径）。

8.1.4　内、外管总成的装配和调整

把内管总成装入外管总成时，应认真调整钻具的上、下间隙，如图 8-1 所示，使其满足以下使用要求。

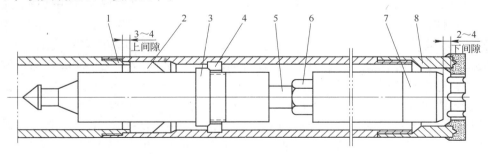

图 8-1　内外管总成的上、下间隙示意图

1—弹卡挡头；2—弹卡；3—悬挂环；4—座环；5—调节心轴；6—调节螺母；7—卡簧座；8—钻头

（1）弹卡与弹卡挡头的顶面应保持一定距离，根据钻具规格尺寸的不同，一般为 3～4mm。此距离过小，弹卡不能自由地出入弹卡室，钻具在钻进时不能定位；该距离过大，在钻进过程中，会增大卡簧座与钻头内台阶的间隙，影响岩矿心的采取率。

（2）卡簧座与钻头内台阶之间应保持最优间隙。根据钻进地层的不同，该间隙一般为 2～4mm（若卡簧座有水口则应取小值）。在保证冲洗液正常循环的前提下，应尽量减小此间隙，以减小冲洗液对岩矿心的冲蚀，提高岩矿心采取率。该间隙的大小可以通过内管总成的调节机构调整内管长度来改变。

（3）内管总成应牢固地卡住在外管总成中，不能自弹卡挡头端自由倒出，只有当使用打捞器时，才能顺利捞出。

按已组装好的内、外管总成再组装一套外管总成和两套内管总成，以作为备用。

8.2　取心操作要领和技术问题

8.2.1　以 S75 钻具的使用为例讲述绳索取心操作要领

（1）将组装好的内外管总成经认真检查，符合要求后，方可下入孔内。

（2）内管总成投入钻杆柱后，为了保证内管总成到位时冲洗液把阀门打开到应有的位置，应采用大泵量压送（一般 90L/min）。由于内管总成和钻杆间有间隙，内管总成在下行过程中，冲洗液可由孔口返出，形成一个循环系统，这时泵压表上的压力叫做压送泵压；当内管总成到位时，泵压表指示压力明显升高（变化范围为 7～13atm），说明内管总成已到位；然后把冲洗液量减少到正常钻进的泵量，泵压也相应降低，此时可开始扫孔钻进。在此过程中，泵量和泵压变化过程如图 8-2 所示。

（3）当内管装满岩心或发生岩心堵塞时，应立即停止钻进捞取岩心，其操作要领是：首先用油缸顶起钻具，拔断岩心，再提起机上主动钻杆，用夹持器夹住钻杆柱，卸掉机上钻杆，移动钻机，让出孔口，拧上孔口钻杆护丝，下放打捞器，打捞器在冲洗液中以 1.5～2m/s 的速度下降，当将要到达内管总成上端时，要适当减慢下降速度，以使其安稳地降落在内管总成上端，在 1000m 孔深范围内，留意其反映还可以听到轻微的撞击声；此时，应在钢丝绳上做个标记（供下次打捞时参考），然后开动绳索取心绞车，缓慢地提升钢丝绳，当确认内管总成已提动后方可正常提升，提升过程中，若冲洗液由钻杆中溢出，说明打捞成功，否则应再次下放打捞器重新试捞，当反复捞取无效时，坚决禁止猛冲硬镦，应分析原因，直至提钻处理。

（4）当内管总成提升接近孔口时，应减慢提升速度，提出孔口后，停在便

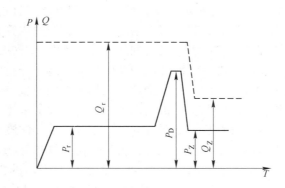

图 8-2　内管下降时泵量和泵压的变化

P—泵压；Q—泵量；T—时间；P_r—压送泵压；Q_r—压送泵量；

P_D—到位泵压；P_Z—钻进泵压；Q_Z—钻进泵量

于操作的位置，然后缓慢下放，以防内管总成从打捞器上脱落或使调节心轴弯曲，卸开打捞器，放在适当位置，然后检查岩心采取情况，确认外管和钻杆柱内已无岩心时，再将另一套备用的内管总成由孔口投入钻杆柱。

（5）对上主动钻杆，其余操作同上。

（6）遇地层严重漏失以致孔内没有冲洗液时，不准投放内管总成，应采用打捞器的干孔送入机构，把内管总成送入孔内，或用机上钻杆对准孔口，泵入适量的冲洗液，然后迅速投放内管总成。

（7）拧卸内管应使用多触点的自由钳，打开内管任意一端（卡簧座或内管接头），使用橡皮锤、塑料锤或木槌轻轻敲击内管，顺序地倒出岩心，严禁使用铁锤敲击，以免打扁内管或使内管产生凹坑，造成在钻进时发生岩心堵塞。

（8）取出岩心后，清洗检查内管总成，注油润滑轴承，然后重新组装起来，悬挂在合适的地方，以备下一回次使用。

8.2.2　取心的几个技术问题

（1）内管长度的确定。根据岩石性质、完整程度、钻头类型等因素，选择合理的内管长度，对绳索取心钻进十分重要。增加内管长度，可以减少捞取岩心次数，增加纯钻时间，提高钻进效率，但是，内管越长越易弯曲，投放也越困难。钻进中硬完整岩石时，内管长度以 3m 为宜，钻进较完整的松软岩层时，内管可加长至 4.5m、6m 乃至 9m，钻进松软破碎、易溶等难以取心的地层及易斜地层时，内管长度可适当减小。

（2）准确掌握开始扫孔钻进的时间。内管总成从钻杆柱中投放下去，当确认已坐落到外管总成中的预定位置后，才能开始扫孔钻进。如内管总成未到达孔底就开始钻进，则岩心过早地进入钻头，使内管总成不能到位，形成"单管"钻进，这样不仅取不上来岩心，降低岩心采取率，还将导致内管总成的弹卡和金刚石钻头急剧磨损，反之，若内管总成已到达孔底而不及时开钻，将增加辅助时间，降低钻进效率。因此，准确掌握开始扫孔钻进的时间十分重要。若钻具配有到位报信机构，则可根据泵压的变化来确定，但目前国内外现有的绳索取心钻具大多数未配有报信机构或所配的报信机构不灵。为此，一般采用下列两种判断方法：一是内管总成投入钻杆柱后，不要合立轴，也不要用冲洗液压送，让内管总成在钻杆柱里的冲洗液中自由降落，此时，可将管钳、铁棒等物或听诊器接触在孔口钻杆上，用耳朵贴近仔细倾听，可听到内管到位时发出的撞击声（适用于浅孔）；二是由冲洗液向下压送，实际测定内管总成在钻杆柱内下降的速度和时间，摸索规律，总结经验，然后具体规定不同条件下内管到位所需的大致时间。由于内管总成的下降速度和时间与钻孔深度、钻孔角度、冲洗液种类、内管与钻杆的间隙、孔内水位高度、冲洗液量的大小等因素有关。影响因素也较多，所以难以测定较精确的数据。由表 8-1 可以看出，当冲洗液量为 43L/min 时，内管总成下降速度大致为 25～30m/min。若采用 72L/min 的进水量，则下降速度可增至40m/min。采用 S75 钻具钻进垂直孔，采用清水加皂化油做冲洗液，压送泵量为90～120L/min 时，内管总成下降速度一般为 40～50m/min。

表 8-1　SC56 钻具内管到位实测时间

孔深/m	内管到位实测时间	备　注
96	3′22″	
130	4′0″	
143	4′47″	（1）冲洗液量为 43L/min，（采用 SNB－90
218	7′46″	变量泵）；
250	9′30″	（2）钻孔倾角 85°；
277	11′20″	（3）冲洗液为滴水加皂化油，孔内有少量
315	12′16″	涌水
329	12′40″	

　　（3）岩心堵塞应立即捞取岩心。在钻进过程中，若发生岩心堵塞（未配有岩心堵塞报信机构的钻具，则反映进尺缓慢甚至不进尺），必须立即停止钻进，捞取岩心，绝不能采用上下窜动钻具、加大钻压等方法继续钻进。否则除了和普通双管钻进一样加剧钻头内径的磨损，严重的将导致卡簧座倒扣，内管总成上下顶死，弹卡不能向内收拢，造成打捞失败。

　　（4）机上捞取岩心。捞取岩心方法有两种：一是孔口捞取岩心，二是机上捞取岩心。机上捞取岩心时，要求钻机固定不动，钻具不提离孔底（但需拔断岩心），而是卸下水龙头压盖或水龙头，通过钻机立轴中的机上钻杆下放打捞器捞取内管总成。因此，它需要加大钻机立轴通孔直径（允许绳索取心钻杆通过）和专用的水龙头，如图8-3所示。

这种捞取岩心方法不仅可以减少捞取岩心时间，提高钻进效率，减少钻头扫孔磨损，延长钻头使用寿命，而且在钻进松软、破碎等复杂地层时对保护岩心非常有利。但是也存在着一些缺点，如投放内管总成、捞取岩心和加钻杆单根时操作不便，由于每根钻杆均作主动钻杆使用，对钻杆的平直度要求较高，为了减小钻进时机上钻杆的摆动，要求水龙头轻便，密封性能好等。

（5）捞取岩心时在钻杆柱上端加回水漏斗。为了保持机场清洁，减少冲洗液流失，在捞取岩心时，应在钻杆柱上端加一个回水漏斗，如图8-4所示，尤其是机上捞取岩心时，更需配备回水漏斗。这样，可使打捞内管总成带上来的冲洗液由回水漏斗的出口通过胶管流到冲洗液循环槽。

（6）卡簧内径与岩心直径的配合。在钻进过程中，应根据钻头直径和岩石情况，配置合适的卡簧，使卡簧既能牢固地卡住岩心，又不阻碍岩心进入内管。由于钻头内径不断磨损，所以岩心直径也随之变化。为了使卡簧内径与

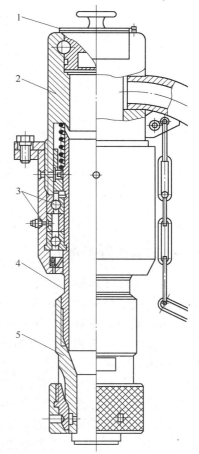

图8-3 机上捞取岩心专用水龙头
1—压盖；2—三通接头；
3—轴承；4—内套接头；
5—异径接头

岩心直径相适应（一般卡簧自由内径比岩心直径小0.5mm），应在回次进尺末将捞上来的岩心用卡簧试一试，其间隙应以将卡簧套在岩心上用手能反复轻轻推动为宜。

（7）卡簧座与钻头内台阶间隙的调整。卡簧座与钻头内台阶的间隙既要保证一定的冲洗液流通断面，又不能太大，不然将增加残留岩心的长度，并增加冲洗液对岩矿心的冲蚀而降低岩矿心采取率。因此，在钻进过程中应根据岩层的变化、卡簧座和内管其他零部件的磨损量，随时调节卡簧座与钻头内台阶的间隙以使它始终保持最佳值（2～4mm）。

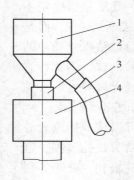

图 8-4   回水漏斗
1—漏斗；2—接头；3—胶管；4—卡盘

8.3   钻具的维护保养

为了保证钻具的正常使用，防止因钻具零部件失灵，捞取岩心失效而导致提钻处理，必须经常检查钻具，并作好维修保养工作。

（1）检查弹卡磨损情况和张簧是否变形。弹卡处于张开状态时，两翼最大间距应比弹卡挡头内径大 1.5mm，否则应及时更换。为了保证弹卡动作灵活，应经常用机油润滑。

（2）单动轴承应定期注入黄油，发现单动不灵活，则需拆开检查，轴承损坏要更换；进入岩粉颗粒或其他污垢，要进行彻底清洗。

（3）内管弯曲变形超过 0.5mm/m，必须进行矫直，局部产生凹坑，而妨碍岩心进入的内管，则应更换新的。

（4）使用带有水口的卡簧座时，卡簧座水口深度应保持在 4mm，当磨损到小于 2mm 时，应及时加深至 4mm（水口加工余量 6mm）；卡簧座发生变形要及时更换。

（5）每次提钻检查弹卡挡头拨叉的磨损情况，发现磨出圆角时要用钢锉修平，检查出变形或有断裂现象时则需更换。

（6）要经常检查悬挂环和座环的磨损情况，若发现其互相吻合面被磨成圆锥面时，则应及时更换。

（7）每次捞取岩心前，应检查打捞钩头部和尾部弹簧的磨损情况，若打捞钩头部严重磨损和尾部弹簧变形，要及时更换。

9 绳索取心钻进工艺

由于绳索取心钻具的特点是：钻杆壁薄、钻头唇部壁厚、钻杆与孔壁环空间隙小，因此，绳索取心钻进工艺和普通金刚石岩心钻进有所不同。

9.1 钻孔结构的设计

钻孔施工之前，应根据地质条件、钻孔深度、终孔直径、钻进方法、护孔措施和设备情况，设计适合绳索取心钻进特点的钻孔结构（开孔直径、换径次数与深度、套管程序等）。

9.1.1 钻具级配

钻具级配指钻杆与孔壁的间隙。此间隙越小，钻杆工作越平稳。严格钻具级配，对保证薄壁绳索取心钻杆的安全使用十分重要。这是因为绳索取心钻杆外平壁薄，抗弯刚度小，钻进过程中，钻杆柱在压扭应力及高速回转所产生的离心力作用下产生弯曲应力，这种弯曲应力是造成钻杆损坏的重要原因之一，它可由式（9-1）计算。

$$\sigma_\omega = 1000 \frac{df}{l^2} \tag{9-1}$$

式中 σ_ω——钻杆的弯曲应力，kg/cm^2；

d——钻杆外径，cm；

l——半波长度，m；

f——钻杆弯曲的最大挠度，cm。

从式（9-1）可看出，弯曲应力 σ_ω 与钻杆直径和弯曲挠度成正比，而与半波长度成反比。

又因式（9-2），

$$f = \frac{D - d}{2} \tag{9-2}$$

式中 D——钻孔直径，cm。

所以，弯曲应力与钻杆和孔壁之间的间隙成正比。

由于以上原因，在保证冲洗液正常循环的前提下，应尽量减小钻杆与孔壁之间的间隙，按照我国绳索取心钻具标准规格系列，严格钻具级配，尤其是套管必须逐级和钻头配合使用，如图9-1所示。

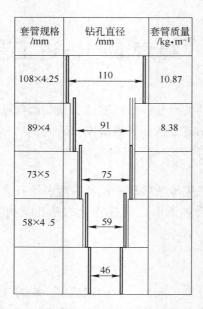

套管规格 /mm	钻孔直径 /mm	套管质量 /kg·m⁻¹
108×4.25	110	10.87
89×4	91	8.38
73×5	75	
58×4 .5	59	
	46	

图 9-1 钻头与套管的合理配合

9.1.2 钻孔结构

根据钻孔地层剖面和深度的不同，设计合理的钻孔结构，是保证绳索取心钻进正常进行的重要条件。绳索取心钻进常用钻孔结构有下列五种。

（1）开孔为坚硬致密岩石，则只需下一层孔口管，其深度以 5～10m 为宜，并用水泥固定。

（2）开孔为表土层和风化层，则除了下孔口管以外，还必须下一层表层套管，表层套管需带套管鞋并坐入基岩。

（3）钻孔深度为千米以上深孔，施工周期较长，一般需要下二～三层套管，即增加一层技术套管。技术套管孔口一般不固定，如果孔内出现坍塌掉块等异常现象，则拔出技术套管，扩孔到破碎地层以下 3～5m 然后重新下入。

（4）如在钻孔深部遇到复杂地层绳索取心钻杆柱又允许小一级口径的钻头和扩孔器通过，则可把钻杆留在孔内作套管，而改换小一级的孔径继续钻进。钻孔结构如图 9-2 所示。

（5）如钻进深孔，地层完整，因钻机动力不足，而要换径时，可采用不同直径的钻杆组成钻杆柱，如孔径由 75mm 换成 56mm 时，上端采用直径 71mm 的钻杆，下端采用直径 53mm 钻杆，如图 9-3 所示。

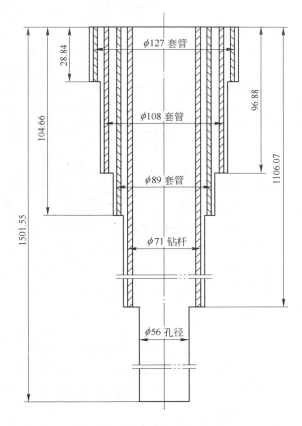

图 9-2 ZK801 钻孔结构

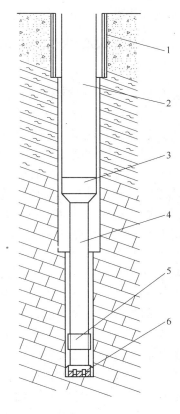

图 9-3 不同直径钻杆
组成的钻杆柱
1—φ89 套管；2—φ71 钻杆；
3—异径接头；4—φ53 钻杆；
5—扩孔器；6—钻头

9.1.3 套管的使用

绳索取心钻进不稳定地层或遇溶洞、老窿、含水和含气地层时，如泥浆护壁不能奏效，又无法使用水泥护壁时，应及时下入套管。由于绳索取心钻杆与套管间隙小，钻杆柱在高速回转所产生离心力作用下，将对套管进行频繁地敲击。为了避免套管事故，下套管时要特别注意下列事项：

（1）套管应下到坚硬的基岩上，并用黏土或水泥将套管下端封固。

（2）套管丝扣应用松香、沥青或环氧树脂等黏结剂黏牢，拧接严紧，以免套管脱扣。套管外部要涂油。

（3）套管要下正，孔口处用水泥或木楔固定，并用胶皮密封，以防止套管偏斜和泥砂、岩粉流入套管与孔壁的间隙，影响起拔。

9.2　绳索取心钻头的使用

根据岩石的物理力学性质（硬度、强度、研磨性和完整度等）和其他技术条件选好钻头后，要使金刚石钻头打出好的水平，还有一个合理使用的问题。使用绳索取心钻头除了必须严格遵守《金刚石小口径钻探操作规程》的有关规定外，还需特别注意以下几点。

（1）钻头的排队使用。绳索取心钻头的特点是在孔底连续工作时间较长，只有当钻头磨损到一定程度时才提钻检查更换，所以对绳索取心钻头排队使用更为重要。所谓钻头排队使用就是把现有的钻头按外径和内径尺寸分组排队，依照一定顺序使用，先使用外径大、内径小的钻头，后使用外径小、内径大的钻头，并且每次下入的钻头与前一个回次钻头直径之差要小。当钻进 8～9 级岩石时，一般不大于 0.10mm；钻进 10～12 级岩石时，不大于 0.05mm。若不注意钻头的排队使用，比如把外径大、内径小的钻头放在后边使用，就容易造成更换的新钻头下不到孔底，增加扩孔工作量。

绳索取心钻进用的扩孔器和钻头一样，也必须排队使用，即先下外径大的，后下外径小的，同时，还必须注意与钻头直径的配合。根据钻进地层的不同，一般扩孔器直径比钻头直径大 0.3～0.5mm，在硬岩层中不能超过 0.3mm。如扩孔器外径过大，将增加扩孔工作量，加剧自身的磨损，扩孔器过小，则起不到扩孔和保护钻头的作用，一旦钻头外径磨损，易于造成缩径。

（2）新钻头下孔要进行初磨。绳索取心钻头唇面壁厚而且具有多种唇面造型，为了使金刚石钻头唇面与孔底形状相吻合，防止因钻头唇面与孔底形状不一而造成钻头的唇面受力不均，使表镶钻头金刚石崩刃或剥落，孕镶钻头产生非正常磨损或胎体掉块；同时，使孕镶钻头磨出刃口。新钻头下孔后必须进行初磨，即采用轻压力（正常钻压的 1/3 以内）、慢转速 （200～300r/min），钻进 10min 左右，然后再采用正常技术参数继续钻进。

（3）确定合理的时效。绳索取心钻进要求钻头不仅时效高，更重要的是提高钻头使用寿命。如果钻头时效很高，而钻头寿命很短，不得不经常提下钻更换钻头，这样将降低钻进效率，增加成本，不能充分发挥绳索取心钻进的优越性。所以必须根据具体岩层性质和实践经验，确定合理的时效。根据我国目前金刚石钻进技术条件和金刚石钻头质量水平，时效一般不要超过 3m/h 为宜。在条件相同的条件下，绳索取心钻头和普通金刚石钻头相比宁可时效控制稍低，而获得较长的钻头使用寿命也是值得的。

（4）确定合理的提钻间隔。绳索取心钻进的提钻间隔，不仅影响钻进效率，而且影响钻头寿命，提钻间隔越大，纯钻时间越多，钻进效率越高；但是盲目追求大的提钻间隔，往往使金刚石钻头磨损严重，增加金刚石消耗，所以应确定合理的提钻间隔，即合适的更换钻头时间。

1）从钻速的变化判断钻头底唇磨损。一般情况下，如钻头选择适当，钻进技术参数稳定，钻速下降便表示钻头磨损。但是，岩心堵塞也会引起钻速下降，一般说来，岩心堵塞引起的钻速下降幅度较大，而钻头磨损则钻速下降幅度较小。为了确定钻速下降原因，可在打捞岩心前和打捞岩心后采用定转速方法帮助分析，如打捞岩心后的钻速比打捞前提高，可说明钻速的降低是由岩心堵塞引起的；如打捞岩心前和打捞后的钻速一样，则说明钻进的降低是由钻头磨损造成的。

2）根据岩心直径的变化，判断钻头内径磨损。由于绳索取心钻头内径采取了牢固补强措施，一般情况下，岩心直径变化量不超过 0.50mm。如果捞取上来的岩心直径接近或等于钻头内径，并且钻进过程中，频繁地发生岩心堵塞，这说明钻头内径已严重磨损。

3）根据泵压变化，判断钻头底唇和水口磨损。钻进过程中，如果钻头底唇磨损较大，水口变小或磨平，会造成泵压比正常泵压升高现象。但是岩心堵塞或冲洗液循环通道受阻，也会引起泵压升高。为了区别泵压升高的原因，应把内管总成捞取上来，观察确定是否发生岩心堵塞。如果岩心和卡簧配合适宜，说明泵压升高不是由岩心堵塞引起的。然后，在钻具提离孔底的情况下，向孔内泵送冲洗液，如果冲洗液循环正常，则把钻具轻轻放到孔底，这时如冲洗液循环受阻，应反复上下提动钻具，冲洗孔底，如泵压仍升高，则说明钻头底唇和水口已磨损严重。

至于金刚石钻头磨损到何种程度需要提钻检查和更换，应根据孔深和钻速的下降幅度等因素确定。要能保证在金刚石消耗量最少的情况下，而获得每只钻头的最高进尺，以增大提钻间隔，提高钻进效率，降低钻探成本。

（5）防止烧钻事故。绳索取心钻头唇面壁厚，钻进时产生的岩粉多，因此必须使冲洗液充分冷却钻头，及时排除岩粉，否则将造成烧钻事故。由于绳索取心钻具内外管总成比普通双管结构复杂，而且有些零部件经过了热处理，所以绳索取心发生烧钻事故不仅难以处理，而且处理烧钻事故，将对薄壁钻杆造成严重损伤。因此，绳索取心钻进必须杜绝烧钻事故。除了根据钻头壁厚的特点，设计合理的水路以外，还必须注意以下几点：

1）采用变量泵，如 SNB – 90 泵、BW – 150 泵，并配备灵敏可靠的泵压表，保证孔内冲洗液的供给量，并注意观察泵压表的压力变化。

2）钻杆柱、外管总成螺纹连接处使用丝扣油，防止冲洗液中途泄漏。

3）根据钻进地层性质，控制合理的钻进时效。

4）钻进过程中发生岩心堵塞，立即捞取岩心。

5）每次提钻注意检查钻头内外水槽及底唇面水口的磨损情况，钻头水路不符合要求的要修整或更换。

9.3　绳索取心钻进技术参数

绳索取心钻进和普通金刚石钻进一样，必须根据岩心性质、钻头类型、钻孔深度、冲洗液类型、所用设备和钻具性能等因素选择最优钻进技术参数——钻压、转速和冲洗液量。这些技术参数的有机配合，是决定钻速、钻头进尺、金刚石消耗量（克拉/米）和其他钻探技术经济指标的主要因素。

9.3.1　钻压

钻头上的压力是获得最优机械钻速和钻头进尺的重要因素之一。加在钻头上的压力既要高于所钻岩石的抗压强度，又不要超过金刚石本身的抗压强度，即在一定限度内的合适的钻压，才能有效地破碎岩石，提高钻速，减少金刚石消耗量。所以，钻压低于岩石的抗压强度时金刚石不能破碎岩石，只能在岩石表面上滑动而被磨耗。钻压超过金刚石的抗压强度时金刚石迅速破损。因此，必须使每粒金刚石接触面上的单位压力大于岩石的抗压强度，小于金刚石的抗压强度，才是合适的钻压。在钻进时对钻压一定要严格控制，不能随意增减。鉴于绳索取心钻头壁厚而钻杆壁薄的特点，采用合理的钻压尤为重要。钻压过小，钻头不能有效地克取岩石；钻压过大，将增加金刚石的消耗，且易使钻杆丝扣变形，影响岩心打捞，还将导致孔斜增加，事故增多，甚至压坏钻头等。

9.3.1.1　钻压的确定

表镶钻头的钻压 P 与加在钻头底唇单粒金刚石上的压力有关，可按式(9-3)计算：

$$P = \sigma \times G \times f \tag{9-3}$$

式中　σ——岩石的抗压强度，L/mm^2，见表9-1；

　　　G——钻头底唇起克取岩石作用的金刚石数量（粒），一般按钻头含量总数的 2/3 ~ 3/4 计算；

　　　f——单粒金刚石与岩石的接触面积，mm^2，见表9-2。

表 9-1　岩石的抗压强度

岩石名称	抗压强度/kg·mm^{-2}		单粒金刚石压力（按20粒/克拉计算）/千克·粒$^{-1}$
	变化范围	平均值	
花岗岩	7 ~ 33	20	1 ~ 5

岩石名称	抗压强度/kg·mm^{-2}		单粒金刚石压力（按20粒/克拉计算）/千克·粒$^{-1}$
	变化范围	平均值	
石英斑岩	11～58	26	2～10
玄武岩	11～57.5	26	2～9
火山玄武岩	1.4～16.5	8	0.5～3
辉长岩			2～5
砂 岩			1～5
页 岩			1～2
石灰岩		10	0.1～6

表9-2 单颗粒金刚石与岩石的接触面积

金刚石粒度/粒·克拉$^{-1}$	金刚石直径/mm	接触面积/mm^2	金刚石粒度/粒·克拉$^{-1}$	金刚石直径/mm	接触面积/mm^2
10	2.1	0.16	60	1.25	0.10
20	1.8	0.14	125	1.00	0.08
30	1.5	0.12			

孕镶钻头唇面上细小的金刚石均匀密布，与表镶钻头不同。所以其钻压 P 一般应依克取单位面积岩石所需压力来确定，可按式（9-4）计算：

$$P = F \times p \tag{9-4}$$

式中 F——钻头环状克取面积，cm^2；

p——单位压力值，kg/cm^2。

对于中硬岩石 P 推荐用 $40～50kg/cm^2$；岩石坚硬，金刚石质量高，P 值可提高到 $60～80kg/cm^2$。不同规格孕镶钻头底唇面积见表9-3。

表9-3 不同规格孕镶钻头底唇面积 （mm）

公称尺寸	钻 头		水 口		钻头唇面积/cm^2	备 注
	外径	内径	数量	规格（宽×高）/mm×mm		
46	46.5	25	4～6	5×4	8.92	ϕ46、ϕ56、ϕ59、ϕ75四种规格钻头唇面积分别按6、6、8、10个水口计算
56	56	35	6、8、10	5×4	11.86	
59	59.5	36	6、8、10	5×4	12.91	
75	75	49	10、12、14	5×4	18.83	

9.3.1.2　常用钻头的压力

绳索取心钻头唇面比普通钻头要厚，因此，钻压要比普通钻头大。例如直径56mm孕镶钻头（6个水口）唇面积约11.9cm²，比普通双管钻头约大20%，所以钻压也应大20%左右。目前，我国绳索取心一般用于钻进Ⅵ～Ⅸ级的中等硬度岩石，采用圆弧形唇面，中等粒度（30～40粒/克拉）的表镶钻头或平底型唇面、细粒（60～80目）的孕镶钻头。不同规格钻头推荐压力见表9-4，仅供选择时参考。

表9-4　不同规格钻头推荐压力

类　型	钻压/kg·mm⁻² 　　　　直径/mm	46	56	59	75
表镶钻头	最大压力	800	1000	1000	1200
	正常压力	400～600	600～800	600～800	700～900
孕镶钻头	最大压力	1000	1200	1200	1500
	正常压力	600～800	700～900	800～1000	1000～1200

9.3.1.3　选择钻压时应考虑的因素

影响钻压的因素较多，如岩石性质、金刚石质量、钻头类型、克取岩石面积等。在选择绳索取心钻头钻压时，应主要考虑如下因素：

（1）地层条件。钻进节理发育、岩层陡立、松软破碎、软硬互层、强研磨性等地层时，以及钻孔弯曲、超径的情况下，应适当减小钻压，否则将会造成岩心堵塞，损坏内管，甚至引起烧钻，发生钻杆严重弯曲或断裂，钻孔孔斜程度增加等。

（2）钻头的新旧程度。经过初磨的新钻头，金刚石出刃较锋利，采用正常钻压即可获得较高的机械钻速。钻进中随着金刚石的磨钝（尤其是表镶钻头），钻速下降，应逐渐增大钻压，但是钻压增加不宜过大，更不得剧增；钻速显著降低时，应立即提钻，不得盲目加大钻压，单纯追求钻头进尺。否则，将会造成金刚石非正常磨损，以及钻杆弯曲、丝扣变形等。

（3）孔内钻压损失。绳索取心钻进孔内钻压损失比普通双管要大，其原因主要是钻杆与孔壁间隙小，钻杆柱受力时依附在孔壁上，损失部分压力；其次是钻孔环空阻力大，泵压高，冲洗液对钻具产生反作用力大，抵消部分钻压。为了保证钻头单位面积上的压力，应适当增大钻压，尤其是在深孔钻进应注意这一点。另外，在钻进过程要注意保持钻压平稳，不得随意增减，更不要突然变化，以保持钻速均匀。

9.3.2 转速

转速是影响金刚石钻进效率的重要因素。在中等研磨性的完整地层、钻探设备和功率及钻杆柱强度足以保证安全钻进、钻具稳定性好，配以润滑和防震措施的条件下，可选用高转速钻进，钻速随转速的增加而增加。但是转速与金刚石磨损之间的关系比较复杂，其间存在一个合理值，即在一定的转速下，金刚石的磨损量为最小，转速过小或过快，金刚石磨损量都增加。所以确定合理转速既能提高钻进效率，又能减少金刚石磨损量。由于绳索取心钻杆柱外平并与孔壁间隙小，钻杆柱在孔内工作平稳，为开高速创造了有利条件；同时，钻头壁厚，为使较小的内径边缘达到足够的线速度，也需要提高转速。所以，在可能和允许的条件下，宜尽量采用较高的转速。

9.3.2.1 转速的确定

在金刚石钻进过程中，钻头的切削刃只有达到一定的线速度，才能有效地克取岩石，减少金刚石的消耗量。所以通常钻头转速 n 按式（9-5）计算。

$$n = \frac{60v}{\pi \times D} \tag{9-5}$$

式中　　v——钻头圆周线速度，m/s；

　　　　D——钻头直径，m。

孕镶钻头和表镶钻头所要求的圆周线速度是不同的。孕镶钻头所用的金刚石颗粒小（粒径约 $0.125 \sim 0.3$ mm），钻进时切入岩石深度很小，只能靠增加钻头转速，实现多次破碎，获得较快的进尺。一般要求孕镶钻头的圆周线速度达到 $1.5 \sim 3$ m/s。表镶钻头要求转速较低，这是因为表镶钻头的金刚石出露于胎体较多，转速高，钻具振动加大，容易损伤出露的金刚石。表镶钻头的圆周线速度一般在 $1 \sim 2$ m/s 之间。

9.3.2.2 常用的钻头转速

钻头圆周线速度确定后，按照式（9-5）可换算出不同直径钻头的转速。

不同直径的钻头，其转速与线速度的对应数值见表9-5。

表9-5　不同直径钻头线速度与转速对照表

转速 /r·min⁻¹	线速度/m·s⁻¹				转速 /r·min⁻¹	线速度/m·s⁻¹			
	$\phi46$	$\phi56$	$\phi59$	$\phi75$		$\phi46$	$\phi56$	$\phi59$	$\phi75$
300	0.72	0.88	0.93	1.18	500	1.21	1.17	1.57	1.96
350	0.84	1.03	1.09	1.27	550	1.33	1.62	1.71	2.16
400	0.96	1.17	1.25	1.57	600	1.45	1.76	1.80	2.36
450	1.08	1.32	1.40	1.77	650	1.57	1.81	2.02	2.55

续表 9-5

转速 /r · min⁻¹	线速度/m · s⁻¹				转速 /r · min⁻¹	线速度/m · s⁻¹			
	$\phi46$	$\phi56$	$\phi59$	$\phi75$		$\phi46$	$\phi56$	$\phi59$	$\phi75$
700	1.69	2.05	2.18	2.75	950	2.29	2.79	2.90	3.73
750	1.81	2.20	2.34	2.94	1000	2.41	2.93	3.11	3.93
800	1.93	2.34	2.49	3.14	1050	2.53	3.08	3.27	4.12
850	2.65	2.49	2.65	3.37	1100	2.65	3.22	3.43	4.32
900	2.17	2.64	2.80	3.53	1200	2.89	3.52	3.74	4.71

9.3.2.3　选择转速时应考虑的因素

影响钻头转速的因素很多，除了钻头类型、钻头直径、金刚石粒度外，在具体选择绳索取心钻头转速时应考虑下列因素：

（1）岩层性质。钻进极硬弱研磨性地层、裂隙破碎地层、软硬差别大的频繁互层的地层及产状陡立易孔斜地层等时，应适当降低转速，以减小钻具振动，延长钻头寿命，提高岩心采取率，防止孔斜；在软岩中钻进效率很高时，为保证冷却钻头和排除岩粉，也应限制转速。

（2）冲洗液的种类。采用泥浆作为冲洗液时，为了减小冲洗液在钻孔环状间隙的循环阻力，降低冲洗液的泵压，同时防止钻杆柱内壁结泥皮，要适当降低转速。

（3）钻孔结构。钻孔结构合理，钻杆与孔壁间隙小，适于采用高转速。反之，钻孔结构复杂，换径多，钻杆与孔壁环状间隙大，钻具回转的稳定性差，则不宜开动高转速。因为钻具不稳定，钻进时振动很厉害，金刚石磨损速度急剧上升，因此，在确定转速时一定得注意金刚石的磨损量。

9.3.3　冲洗液量（泵量）和泵压

金刚石钻进的冲洗液量应保证足以清除孔底岩粉，冷却钻头和保护孔壁。绳索取心钻进环状间隙小而钻头底唇面积大，破碎下来的岩粉多，所以其泵量和泵压都比普通双管钻进时要大些。但不能过大或过小，泵量太大，会造成钻具内压高，而抵消钻头压力，并增加钻具振动，还会冲蚀钻头胎体和岩心，造成岩心堵塞；对不稳定地层还降低孔壁稳定性。如泵量不足，则岩粉排除不畅，产生重复破碎，增加金刚石消耗，发生糊钻或烧钻等。

9.3.3.1　冲洗液量的确定

确定冲洗液的需要量有两种方法：一种是根据冲洗液在钻杆柱与孔壁之间的环状间隙必须达到上返流速来进行计算，一般按式（9-6）计算。

$$Q = 6 \times v \times F \tag{9-6}$$

式中 Q——冲洗液量，L/min；

　　　　v——环状间隙上返流速，对于绳索取心钻进应为 $0.5 \sim 1.5\text{m/s}$；

　　　　F——钻孔环状断面积，cm^2。

根据式（9-6）可以计算出不同孔径所需冲洗液量，见表9-6。

表9-6 几种常用孔径的冲洗液需要量

公称尺寸 /mm	钻孔直径 /mm	钻杆直径 /mm	环状间隙面积 /cm²	冲洗液量 /L·min⁻¹	备　　注
46	47	40.5	2.49	14.9	（1）钻孔直径以扩孔器公称外径为准； （2）冲洗液上返速度取1m/s
56	46.5	53	3.02	18.1	
59	60	55.5	4.08	24.9	
75	76.5	71	5.18	31.1	

再一种是按钻头唇部单位面积上的冲洗液需要量进行计算。根据钻进岩性的不同，钻头唇部单位面积所需冲洗液量也不同，一般钻进岩石越硬，钻头单位面积所需冲洗液量越少。钻进中硬－硬岩层，推荐钻头唇部单位面积泵量为 $3 \sim 5\text{L/min}$；硬至坚硬岩层为 $2.4 \sim 4\text{L/min}$。例如，钻进中等硬度的完整岩层，取钻头唇部单位面积上的冲洗液消耗量为3L/min，各种规格孕镶钻头冲洗液需要量见表9-7。

表9-7 不同规格孕镶钻头冲洗液需要量

公称尺寸 /mm	钻头直径 /mm	唇部面积 /cm²	冲洗液量 /L·min⁻¹	备　　注
46	46.5	8.92	26.8	孕镶钻头水口数量分别为 6、6、8、10 个
56	56	11.86	35.6	
59	59.5	12.91	38.8	
75	75	18.83	56.5	

由于绳索取心钻进环状间隙小，而钻头底唇面积大，所以按钻头唇面单位面积上冲洗液耗量计算出的冲洗液需要量较大，为了充分冷却钻头，及时排除岩粉，应选用较大冲洗液量。

9.3.3.2　选择冲洗液量时应考虑的因素

在具体选择冲洗液量时还必须考虑岩石性质、钻头类型等因素。

（1）岩层性质。钻进坚硬、颗粒细的岩层，钻速较低，岩粉量少而颗粒细，则冲洗液量可以小些；钻进软的、中硬、颗粒粗的岩层，钻速较高，为了很快排除岩粉，冲洗液量应该大些。钻进裂隙、有轻微漏失的岩层，为补偿漏失的一部分冲洗液，冲洗液量要稍多于正常情况。钻进研磨性岩层，需要较大冲洗液量冷却钻头，但同时必须考虑研磨性高的岩粉，在强烈液流下，会冲蚀钻头胎体，促进金刚石颗粒过早暴露，以致发生崩刃脱落情况。因此，在确定冲洗液量时，在满足冷却钻头的前提下，应受到限制，不宜过大。

（2）钻头类型。孕镶钻头一般采用较高的转速，金刚石颗粒又细小，为及时冷却金刚石和胎体，避免金刚石因氧化和石墨化而损伤，以及防止胎体磨损过快，应采用较大的冲洗液量。表镶钻头金刚石的出刃量比孕镶钻头大，排粉和冷却的条件较好，所以其冲洗液量可比孕镶钻头稍少些。

此外，钻头胎体性能、金刚石粒度、钻头水口、钻速、转速、钻压等，对冲洗液量都有影响，确定冲洗液量时应综合考虑。

9.3.3.3　泵压

在钻进过程中，必须保持适当的泵压，才能保证冲洗液的正常循环。泵压的高低决定于冲洗液量、冲洗液种类、钻孔的环状间隙、钻孔深度等因素。绳索取心钻进环状间隙小，冲洗液循环阻力较大，所以泵压较高。据国外资料介绍：钻进口径 59mm 的钻孔时，在相同冲洗液量的情况下，根据钻孔深度和冲洗液种类的不同，泵压也不同，泵压变化见表 9-8。

表 9-8　泵压随孔深的变化

孔深/m　　冲洗液种类　泵压/kg·cm⁻²	水或无固相冲洗液	泥　　浆		备　注
		密度：1.12~1.2g/cm³黏度：18~21s	密度：1.3~1.5g/cm³黏度：29~38s	
约 300	5~9	7~15	11~20	所选水泵的最大泵压应比该压力大 5~10kg/cm²
300~600	9~14	15~23	20~28	
600~1000	14~20	23~36	28~45	
1000~1300	20~26	36~47	45~60	

钻压、转速、冲洗液量这三者是互相配合、互相制约的，其中一个参数变化另外两个参数也要相应地调整，所以选择钻进技术参数时，不能孤立地进行选择，必须统筹兼顾，全面考虑，根据所钻岩层性质、钻头类型及其他条件，选择三者最优的配合关系。例如钻进中等硬度完整岩层，并且钻孔较浅时，宜开高转速，为了防止金刚石被抛光，要相应增大钻压，以提高钻速，这样冲洗液量也应增加，否则岩粉不能及时排除，钻头得不到很好冷却，不但降低钻进效率，而且容易造成烧钻事故。

10　绳索取心钻进用泥浆及护壁堵漏工艺

绳索取心钻进应根据地层特点、钻孔深度、施工要求等选择不同类型的泥浆作冲洗液。完整、孔壁稳定的地层，应采用清水加润滑剂作为冲洗液，这样不但便于内管总成在钻杆柱内升降，而且钻杆回转阻力小，有利于开高转速；较完整、有轻度坍塌的地层可采用优质泥浆或无固相冲洗液；钻进松软破碎、坍塌、掉块的地层时，则必须采用不同性质的优质泥浆作冲洗液，漏失地层需采取堵漏泥浆等措施。但由于绳索取心钻进独有的特点：如钻杆与孔壁之间的环状间隙小、内管总成要在钻杆柱内升降等，因此，必须选用优质泥浆，并采取一定的措施，如做好泥浆的净化工作、适当增大钻杆与孔壁间隙、采用合理的操作方法等，才能保证绳索取心钻进正常进行。

10.1　绳索取心钻进对冲洗液的性能要求

绳索取心钻进对冲洗液的性能要求主要包括如下几个方面：

（1）不含或少含固相，对无用固相应全部清除，以防止冲洗液中的固体颗粒沉积在钻杆内壁上或内管总成上端影响内管总成的打捞。

（2）具有较好的润滑性，以减小回转钻杆柱的阻力。

（3）具有良好的流变性，以提高钻速，降低冲洗液流动阻力，减小泵压损失，同时更好地排除岩粉。

（4）具有低的失水量，能在孔壁上形成薄而坚韧的泥皮；并具有抑制地层吸水膨胀的作用，防止升降钻具和捞取岩心时，因冲洗液的抽吸作用造成孔壁坍塌。

绳索取心钻进复杂地层，能否取得好的效果主要取决于泥浆性能。所以必须根据地层条件选用经过化学处理的优质黏土，加造浆率高的膨润土，严格控制固相含量，并有针对性地加入一些处理剂，如聚丙烯酰胺、腐植酸钾等；同时，在使用过程中，应做好井口的泥浆净化和除砂工作，以使泥浆性能满足使用要求。

10.2　常用泥浆类型及性能参数

目前，国内外绳索取心钻进常用的泥浆类型主要有3种，即无固相泥浆、不分散低固相泥浆、钻进复杂地层用泥浆。根据钻进地层的不同，应选择不同类型和具有不同性能参数的泥浆。

10.2.1　无固相泥浆

　　无固相泥浆（指原浆）也称无黏土钻井液，它是绳索取心钻进首选的钻井液。广义上讲，只要冲洗介质（含清水、油基及空气）中无人为添加黏土和其他固相成分，都可称为无固相泥浆。因而，无黏土钻井液可以认为是典型的无固相泥浆。无黏土钻井液具体如下：

$$
无黏土冲洗液
\begin{cases}
合成高聚物溶液——HPAM，HPAN，PAV 等\\
纤维素溶液——CMC，HEC 等\\
野生植物胶溶液——蒟蒻，田菁等\\
生物聚合物溶液——XC 等\\
无机盐胶液——硅酸钠胶液等\\
表面活性剂溶液——润滑冲洗液
\end{cases}
$$

　　无固相泥浆中除了添加必要的增黏降失水的材料外，往往添加絮凝效果好的有机和无机絮凝剂，如不水解的聚丙烯酰胺和盐皂等。

10.2.1.1　钻进较完整的地层

　　钻进较完整的岩层时，应尽量采用清水或乳化润滑冲洗液。其配方、性能和适用条件如下：

　　（1）配方。清水，100%清水或加适量润滑剂（表面活性剂）。

　　（2）性能。黏度：15s；比重：1.00；pH 值大于 7；润滑系数：0.10～0.13。

　　（3）适用条件。清水加少量润滑剂配成乳化液，可减小回转阻力，达到开高转速的目的。清水冲洗液一般用于地层压力不大的稳定和非冲蚀性岩层。当地层出现部分漏失或完全漏失的稳定性岩层，除水源充足进行顶漏钻进外，应该考虑堵漏措施。稳定的地层或虽然漏失但稳定的地层，选用清水或乳化液，可获得高的钻速。

10.2.1.2　钻进一般性破碎地层

　　钻进一般性破碎的地层时，根据地层破碎的特点，可以选用无固相泥浆。这种冲洗液是在低固相泥浆的基础上发展起来的。它与清水相比，具有较好的携带和悬浮岩屑的能力，且能在井壁上形成薄的吸附膜，具有一定的护壁功能，有较好的润滑和减阻作用。因而能提高孔底钻头的碎岩效率，又具有护壁功能，绳索取心钻进技术应尽可能地选用无固相冲洗液。

　　常用的无固相冲洗液配比见表 10-1。以水基为主，水解度为 30%的聚丙烯酰胺主要是起到絮凝的作用，1%的水玻璃是起到增黏降失水的作用。

　　常用的无固相冲洗液的性能为：漏斗黏度：16～16.5s；比重：1.002～

1.007；酸碱度（pH 值）大于 7。

某煤田地质队在施工中总结出了下述 4 种泥浆配方，分别应用于相对应的地层，收到较好的技术经济效果。

表 10-1　常用无固相冲洗液配比

组　　分	配比（质量分数）/%	备　　注
清水	96	
水解度为 30% 的 PAM 溶液	3	三组分搅拌均匀
水玻璃	1	

Ⅰ号配方：清水（$1m^3$）+ PHP（50 ~ 150ppm）+ 盐皂（0.3% ~ 0.5%）。

Ⅱ号配方：清水（$1m^3$）+ PHP（500 ~ 1000ppm）+ 盐皂（0.3% ~ 0.5%）。

Ⅲ号配方：清水（$1m^3$）+ PHP（1000ppm）+ KCl（1%）+ 盐皂（0.3% ~ 0.5%）。

Ⅳ号配方：清水（$1m^3$）+ PHP（500 ~ 700ppm）+ 水玻璃（1.5% ~ 3.0%）+ 盐皂（0.3% ~ 0.5%）。

上述Ⅰ号配方适用于钻进较稳定地层；Ⅱ号配方是高浓度 PHP，适用于钻进煤系地层；Ⅲ号配方可用于钻进遇水膨胀地层；Ⅳ号配方主要适用于钻进破碎坍塌地层，与表 10-1 所示内容相近。

由于无黏土冲洗液的润滑性和流变性好，有利于绳索取心钻进。无黏土钻井液中一般都要加入有机处理剂 PAM 或无机处理剂高价盐类。在岩石层钻进（泥页岩除外），加入水解度是 30% 的 PAM 或不水解的 PAM，均起到全絮凝的作用。因为泥浆中没有优质黏土存在，具有一定水解度的 PAM 由于易溶解于水，配浆容易进行，所以现场常用。但是，对于容易造浆类的地层，如黏土层或泥页岩地层，就要采用无水解或水解度很低的 PAM，以便产生全絮凝效果。

10.2.2　不分散低固相泥浆

不分散低固相泥浆的主要组分是清水、优质膨润土、化学絮凝剂和降失水剂，不加分散剂。目前，绳索取心钻探广泛采用的聚丙烯酰胺泥浆也属于不分散低固相泥浆。所加聚丙烯酰胺是水解度为 30% 的 PAM，是一种选择性絮凝剂，对优质土和岩粉具有不同的絮凝能力，保留优质的造浆黏土，而絮凝除去劣质岩粉。这种泥浆以聚丙烯酰胺处理剂为主，适当加入降失水剂（主要有水解聚丙烯腈或 CMC）。根据具体的施工条件，可以选用不同的配比，常用低固相泥浆性能参数见表 10-2。典型低固相泥浆见表 10-3 和表 10-4。这类泥浆之所以保持低固相，主要是添加了选择性絮凝剂。其作用机理如下：

（1）水解度 30% 的聚丙烯酰胺的长链上有两种官能团：吸附基（—$CONH_2$）占 70% 左右，它对所有的固体颗粒都有吸附作用；水化基（—COONa）占 30% 左右，它带负电荷，由于电性排斥，使 PAM 分子链伸展，有

表 10-2   不分散低固相泥浆性能参数

比　重	黏度/s	失水量/mL·30min^{-1}	泥皮厚度/mm	酸碱度（pH 值）
1.04 ~ 1.07	17 ~ 19	4 ~ 7	≤0.50	7 ~ 8.5

表 10-3   几种典型低固相双聚泥浆配方及性能

编号	泥 浆 配 方					泥 浆 主 要 性 能						
	黏土	纯碱量（占土量）	PHP	CPA	HPAN	密度	漏斗黏度	表观黏度	塑性黏度	动切力	API失水量	泥皮	pH值
	%	%	ppm	ppm	ppm	g/cm^3	s	（×10^{-3}）Pa·s	（×10^{-3}）Pa·s	（×0.478）Pa	mL	mm	
1	4.7	6	200	200		1.02	26	15	9	6.5	14	0.5	8.5
2	4.7	6	400	200		1.02	29	19	12	9	12	0.5	8.5
3	5	6	100		100	1.02	23	14			20	—	9
4	5	6	350		150①	1.02	24.4	—			10.5	—	9
5	5	6	375		125	1.02	25				10.8	—	9
6	5	6	100		100①	1.02	25.4	—			11.1	—	8.5

①低分子量 PAM，分子量 7×10^4，水解度 30%。

表 10-4   几种 PAM – KHM 泥浆的配方和性能

编号	泥 浆 配 方					泥 浆 主 要 性 能						
	黏土	纯碱（占土量）	PHP	KHM	K_P	密度	漏斗黏度	表观黏度	塑性黏度	动切力	API失水量	泥皮	pH值
	%	%	ppm	%		g/cm^3	s	（×10^{-2}）Pa·s	（×10^{-5}）Pa·s	（×0.478）Pa	mL	mm	
1	3	6	200	2		1.02	17.6	3.25	3		9	0.8	8.1
2	3	6	200	4		1.02	18.4	4.57			8	0.7	8.1
3	4	6			50	1.03	21				14	<1	8.5
4	4	6			6①	1.03	20				11	0.6	9.0
5	2.4②	7	1000	2		1.16	50	31	25	12	8.6	0.5	9.5

①聚丙烯腈 - 腐植酸钾共聚物加入量为 6mL/L，K_P 为聚丙烯酰胺 - 腐植酸钾共聚物；②加重晶石 4.7%，该泥浆用于石油钻井。

利于—$CONH_2$ 基发挥吸附作用。

（2）泥浆中的优质膨润土，其表面因晶格取代而带负电荷，它与 PAM 的带电官能团（—COO^-）相斥，不易接近 PAM 链，即不易被吸附基—$CONH_2$ 吸附。同时，优质膨润土颗粒水化完善，水化膜厚，与—$CONH_2$ 官能团接近时，也不易被吸附住，即它对体系中膨润土的浓度不会发生实质性的影响。

（3）泥浆中的劣质黏土和岩粉，因其表面带电少或基本不带电，与—COO^- 官能团的斥力小或无斥力，易接近 PAM 链而被—$CONH_2$ 官能团吸附。同时劣质黏土和岩屑，水化不好或基本无水化膜，也易被—$CONH_2$ 官能团吸附住。且劣质土和岩屑的分散性差、颗粒粗、质量大，一旦被 PAM 长链桥联后，便因重力作用而下沉。

典型低固相泥浆有如下几种：

（1）聚丙烯酰胺－聚丙烯腈泥浆（双聚泥浆）。这种泥浆的主要处理剂是部分水解 PAM（写作 PHP），分子量在 2.50×10^6 以上，水解度 30% 左右，起选择性絮凝和护壁防塌作用，用水解聚丙烯腈（HPAN）、聚丙烯酸钙（CPA）、聚丙烯腈钙（CPAN）、低分子量聚丙烯酰胺（LAP）等作为降失水剂。这种泥浆不用分散型处理剂，泥浆黏度低，流动性好，有较好的护壁和除砂效用，失水量中等，可用于一般松软和水敏性地层钻进，其某些配方见表 10-3。

（2）聚丙烯酰胺－腐植酸钾泥浆。这种泥浆的主要处理剂为部分水解 PAM，起护壁和絮凝作用，腐植酸钾起抑制孔壁分散和降失水作用。这种泥浆同样具有黏度低，流动性好，沉砂能力强，防塌护壁效果好等优点。可用于水敏性膨胀和剥落地层，现场使用的若干配方，见表 10-4。

（3）聚丙烯酰胺－盐水泥浆。这种泥浆是在盐水泥浆的基础上发展起来的抑制性泥浆，配制盐水泥浆的主要问题是失水量较难控制。一般采取的措施是：膨润土坚持预水化，采用耐盐的降失水剂和预处理水。目前，抗盐性能好的降失水剂是淀粉、CMC、磺化酚醛树脂等，当水中含 Mg^{2+} 较多时应该用 NaOH 预处理，含 Ca^{2+} 较多时则用 Na_2CO_3 处理较好。关于 PAM－盐水泥浆的配方，有的研究者曾提出下面 4 种（其基浆由混合土用海水配制，比重 1.20，黏度 18.9s，失水量 48.4mL/30min）：

1）铁铬盐 0.8%，NaOH 0.25%，CMC 钠盐 1.4%，泥浆失水量 6.8mL/30min。

2）部分水解 PAM（分子量（100～500）$\times 10^4$，水解度 30% 左右，浓度 1%）4%，铁铬盐 0.5%，CMC 钠盐 1.0%，失水量为 5.6mL/30min。

3）低分子量致部分水解 PAM（分子量（5～7）$\times 10^4$，水解度 30% 左右，浓度 10%）3.5%，NaOH 0.1%，CMC 钠盐 1.0%，失水量为 6.8mL/30min。

4）部分水解 PAM（分子量（100～500）$\times 10^4$，水解度 30% 左右，浓度

1%）2.5%，低分子量部分水解 PAM（分子量 $(5 \sim 7) \times 10^4$，水解度 30%，浓度 10%）2.0%，CMC 钠盐 0.5%，失水量为 6.4mL/30min。

（4）聚丙烯酰胺 - 氯化钾泥浆。聚丙烯酰胺 - 氯化钾（PAM - KCl）泥浆是非分散型抑制性泥浆，对泥页岩的稳定性具有很大的作用，按稳定性指数仅次于油基泥浆。国内外的研究和生产实践说明，分子量在 300×10^4 以上，30% 水解度的 PAM 加量为 $1.43 \sim 3.58kg/m^3$，KCl 加量为 3% ~15% 左右。其抑制井壁的原理大致为以下几个方面：

1）30% 水解度的 PAM 长链吸附在暴露的黏土颗粒边缘的正电荷位置处，并由于多点吸附而形成一阻挡层，阻止水进入页岩，从而抑制页岩的吸水膨胀。

2）KCl 提供 K^+，K^+ 离子因其离子半径为 2.66Å，与黏土六方晶格的尺寸刚好合适，且 K^+ 的水化能力弱，故易嵌入黏土的六方晶格而使黏土不易水化，从而使孔壁稳定。

3）KCl 加入对 PAM 在黏土颗粒表面的吸附起积极作用，因 KCl 的存在且浓度较大，它中和一部分黏土表面的负电荷，黏土颗粒的扩散层变薄，使 PAM 容易吸附到黏土颗粒的正电荷部位上去。

4）PAM 在孔壁上的吸附，形成含有黏土颗粒的 PAM 网状半透薄膜，而泥浆中盐的浓度一般大于或等于地层中盐的浓度，从而起到从地层页岩中疏水的作用，使孔壁维持稳定。

10.2.3　钻进复杂地层用泥浆

·在钻井过程中常遇到孔内掉块、坍塌、缩径、超径等孔壁不稳地层，这类地层即为复杂地层。就维护孔壁稳定而言，在这类地层中钻进的泥浆应称为防塌泥浆。含有 K^+ 处理剂的泥浆往往是防塌泥浆，但需注意防塌泥浆不一定都含有 K^+。

复杂地层常用的几种泥浆配方如下：

首先配制原浆（以下的原浆均同此方）：清水（$1m^3$）＋黏土（25kg）＋纯碱（1.8kg），然后，在此基础上配制特种泥浆如下：

（1）磺化沥青防塌冲洗液：

1）配方：原浆（$1m^3$）＋聚丙烯酰胺（0.5kg）＋纤维素（1 ~2kg）＋磺化沥青（液体 5 ~15kg）＋盐皂（0.5kg）。

2）性能：黏度：22 ~25s；失水量：15 ~17mL/30min；比重：1.02 ~1.03；泥皮小于 0.5mm；pH 值为 9.5 ~10；润滑系数：0.13 ~0.15。

3）适用地层：在钻进构造破碎带、风化破碎带及厚煤层易塌地层时，选用磺化沥青防塌冲洗液护孔，具有较好的防塌护壁效果，是治理此类易塌地层的重要手段之一。

（2）硝基铁钾防塌冲洗液：

1）配方：原浆（1m^3）+聚丙烯酰胺（0.1kg）+纤维素（1~2kg）+硝基铁钾（1~2kg）+盐皂（3~5kg）。

2）性能：黏度：20~22s；失水量：16~18mL/30min；比重：1.02~1.03；泥皮小于0.5mm；pH值：9~9.5；润滑系数：0.12~0.14。

3）适用地层：硝基铁钾防塌冲洗液用于钻进水敏地层和煤层时，具有防塌护壁的效果，一般用于中等坍塌地层。

（3）聚丙烯钙、硝基铁钾防塌冲洗液：

1）配方：原浆（1m^3）+聚丙烯钙（1~2kg）+纤维素（0.5~1kg）+硝基铁钾（1~2kg）+盐皂（3~5kg）。

2）性能：黏度：22~25s；失水量：15~17 mL/30min；比重：1.02~1.03；泥皮小于0.5mm；pH值：9.5~10；润滑系数：0.13~0.15。

3）适用范围：该冲洗液主要用于钻进水化膨胀地层、煤层以及破碎带地层。

10.3 钻孔护孔与堵漏工艺

10.3.1 钻孔护孔与堵漏工艺的重要性

绳索取心金刚石钻进稳定地层时，是比较成熟的技术，但钻进一些复杂地层时，会发生漏、涌、塌现象，甚至引起孔内各种事故，导致钻进效率低、成本高、不能发挥绳索取心钻进的优越性，必须足够的重视复杂地层工艺措施，以便使绳索取心金刚石钻进技术得到普遍推广。

10.3.2 绳索取心钻进护孔问题和对策

护壁堵漏方法的选择主要是根据地层条件，一般的顺序是：

（1）循环泥浆护壁与堵漏；

（2）配制专用堵漏浆液；

（3）添加惰性材料堵漏；

（4）水泥堵漏；

（5）化学堵漏；

（6）套管堵漏。

但遇到具体问题需要具体分析解决。

10.3.2.1 钻进破碎、坍塌等复杂地层的治理措施

钻进破碎、坍塌等复杂地层的治理措施包括以下几个方面：

（1）在浅孔部（距孔口200m以内）钻进遇松散性地层，采用快速钻进穿

过该层后下入套管隔离。

（2）钻进构造破碎带、煤层和吸水膨胀等易坍塌地层，采用防塌冲洗液护孔。

（3）在深孔遇有漏失严重、构造破碎带地层，可考虑用绳索取心钻杆作套管，然后换小一级别钻具钻进；也可考虑采用泥浆或水泥护壁堵漏；还可考虑采用下飞管固井等。

10.3.2.2　堵漏工艺对策

绳索取心钻进发生冲洗液漏失是一个常见的、多发的问题。由于地层条件复杂多变，其漏失的部位、程度变化较大。漏失程度从渗透性漏失、裂隙性漏失到小溶隙、大裂隙和孔洞性漏失不等。有时个别情况会涌、漏并存，或钻进时漏，停钻时涌，或漏大于涌，或涌大于漏。因而，给绳索取心钻进施工造成了很大的困难。为此，遇有漏失情况，必须进行分析、判断漏失类型，并有针对性地进行堵漏工作。常用的堵漏工艺技术有以下几种：

（1）综合材料堵漏。综合性材料主要有：由地矿部成都探矿工艺研究所研制的细型综合性材料（云母片、石棉纤维、核桃壳、花生壳制成）以及常见的锯末等。

对于渗透性漏失地层，选用细型综合性材料渗入冲洗液，通过泵入循环达到随钻随堵的目的；对于小至中等裂隙地层，采用集中灌注法，即将综合性材料或锯末与冲洗液混合、搅匀，当内管总成打捞上来后，从钻杆内灌入，灌入量根据漏失程度确定，待孔口反水后可继续钻进下一回次。一次不能堵住可反复几次，一般都会取得满意效果。

（2）801 随钻堵漏剂堵漏。801 随钻堵漏剂是由刨花楠、腐植酸盐、CMC 等多种高分子物质配制而成的复合材料。它遇水后能产生交联化等反应，形成网状结构，能在瞬时形成堵漏体。它具有良好的黏附性、弹性、耐水性和一定的湿强度，可用于专门堵漏，也可用随钻堵漏，可单一使用，也可跟其他材料混合使用。

遇到渗透性漏失，可将 801 堵漏剂直接渗入冲洗液，通过泵入循环达到随钻随堵的目的。用于小至中等漏失地层，可采用 801 堵漏剂，加量为泥浆量的 3%和综合性材料或锯末 0.5% ~ 1%，用泥浆调节稠状从绳索取心钻杆内灌入，并开泵压送到漏失部位，即可起到堵漏作用。

（3）DTR 高失水堵漏剂。DTR 高失水堵漏剂是由渗滤性材料、纤维状材料和聚凝剂等复合而成的粉剂。这些材料具有巨大的比表面积，它与水混合后成为一种具有流动性、悬浮性和可泵性的堵漏浆液。它进入漏失通道后，受液柱压差作用，水分快速释放，体积缩小，密度增大而形成有一定湿强度的堵塞物。

DTR 高失水堵漏剂的配制与使用如下：

1）DTR 堵漏浆液的配制：

① 与清水直接混合：DTR 堵漏剂：水 = 1：6；

② 与泥浆混合：DTR 堵漏剂：泥浆 = 1：10。

2）根据漏失类型选择堵漏方法：

① 对渗透性漏失层，或冲洗液消耗较小的孔段，可将 DTR 堵漏浆液直接加入冲洗液（按上述配方），达到随钻随堵效果。

② 对于小至中等漏失和开放性裂隙地层，可在上述配方中加入 3% ~ 8% 的果壳、云母、锯末等骨架材料，对于溶洞裂隙较大的漏失层，应先灌注一些粒度较粗的综合性材料，开泵压送后再灌注 DTR 浆液。

3）灌注方法：

① 下钻杆至漏失层中部，如果是用钻进用的钻具，则需经常上下活动，以防发生卡、埋钻事故。

② 准确计算替浆量。

③ 一边搅拌，一边泵入，之后泵入替浆量，将堵漏液全部压送到漏失层。

④ 将钻具提升到堵漏浆面以上的安全位置。

⑤ 注水静压 4 ~ 6h。

（4）高吸水树脂（PAN – HAK）堵漏。高吸水树脂（PAN – HAK）为泉州腐植酸厂产品，主要用于石油钻井堵漏。其粒度粗细不等，用于绳索取心钻进堵漏时，需要粉碎。它可作为单一的堵漏材料使用，也可跟其他材料配合使用。高吸水树脂有很强的吸水性、黏性、可塑性、弹性、韧性和胶体应变特性，可将周围的物质黏附在周围，同时吸水不断膨胀，常态吸量可达到 100 倍以上。

高吸水树脂堵漏方法有：渗透性漏失钻孔采用：锯末 + 高吸水树脂 + 高黏度泥浆，搅拌均匀，从钻杆口灌注处理；中等漏失钻孔（孔口不返水）采用：沥青球压裂隙后再加锯末，高吸水树脂和泥浆搅拌均匀灌注。

福建某队在富岭井田 5-1 号孔，孔深 128.50m 时，漏失量为 2.5m³/h，采用高吸水树脂 + 锯末 + 高黏度泥浆调成稠状，从 ϕ71 钻杆灌入，再开泵压送，先后灌注 3 次，漏失量分别减少到 0.9m³/h、0.3m³/h 和 0.01m³/h，达到了预期目标。

（5）用 CMC + 锯末堵漏。CMC 遇水后表面很快吸水膨胀、发黏，一部分 CMC 溶解于水形成胶体，另一部分则可在较长时间内以团块存在，当其进入空隙后，因块状的 CMC 又逐渐吸水膨胀，形成黏性很强的胶体，被 CMC 所包裹的锯末则起了骨架的作用，提高了堵漏强度，从而提高了堵漏效果。

（6）PHP 胶体、PHP + 锯末堵漏。PHP（部分水解聚丙烯酰胺）胶体具有很高的黏附性和弹性，当浓度较高时可拉成长丝，并不易被外力所搅散，同时对岩粉和黏土有强烈的絮凝作用。它在一定压力下不仅能挤入并填满空隙，而且在钻进过程中不断絮凝岩粉和黏土，增加堵漏作用。也可在 PHP 胶体渗入一定比例的锯末，效果更好。

堵漏方法采用：PHP + 锯末（比例 1∶10）搅成稠状的拌和物，从钻杆内灌入，开泵压送至漏失孔段，就可起到堵漏作用。

（7）改性沥青泥球堵漏。 改性沥青泥球是福建 121 队于 1987～1988 年研制的。它主要是采用一定比例的机油、沥青和黏土配制成有一定塑性的材料，可制成不同规格的球体，不溶于水。改性沥青泥球主要用于较大的开放性裂隙堵漏。

堵漏方法：把制好的沥青泥球用岩心管送到预定位置（一般是孔底），用钻具把它捣实，并挤入裂隙，透孔钻进，即可达到堵漏效果。

（8）水泥护壁堵漏。

1）水泥护壁堵漏条件。绳索取心钻进遇地质构造破碎的地层易发生掉块、坍塌现象，一般采用防塌冲洗液护孔。当采用这种冲洗液护孔难于奏效时，可选用水泥护壁堵漏方案。水泥堵漏的适用范围较广，它不仅对较大段距中小裂隙性漏失层有较好的堵漏效果，而且能封闭涌漏并存和用于较大裂隙和空洞堵漏。

水泥凝固后虽有较高的抗压强度，但在冲击力作用下易破碎解体，只有当其厚度达到一定值后，才能承受得住高速旋转钻具的敲打。为了使水泥浆凝固时间短，除了用速凝剂，必须尽量采用低水灰比，而低水灰比的水泥浆流动性较差，不可能像溶液那样能够迅速渗透。为了在坍塌层中人为地灌注成一个粗大的混凝土体，只能借助于泵压迫使水泥浆入侵到塌落物的深部，并尽量与塌落物均匀地混合在一起形成粗大的混凝土体，透孔后方可形成坚固的孔壁。

2）水泥堵漏注意事项。在较长段裂隙性漏失中堵漏，以采用钻进一段（30～50m）封闭一段为宜，如果裂隙较大，也可在泥浆中加入锯末等材料，效果更好。

用水泥浆封闭大裂隙或空洞时，必须严格控制水泥浆在空隙中流失的速度和范围，不仅要保证在空隙中水泥浆慢流的速度低于灌入的速度，而且必须保证先灌入的水泥浆在慢流过程中能迅速凝固，后灌入的水泥浆在液压的作用下继续灌满剩余的空隙，并且迅速凝固，以最大限度控制水泥浆慢流范围和避免被动力水所冲散。值得注意的是，因为水泥浆凝固速度非常快，稍有不慎将导致发生重大孔内事故，因此所用钻具必须严格检查，各工序的操作顺序和时间也需严格控制，动作必须十分协调、迅速、准确无误。为避免底部钻具被水泥固死，底部必须使用次一级的钻杆，并涂抹黄油。

控制水泥浆凝固时间，可通过控制加入速凝剂的品种和数量比例来实现。常用的水泥速凝剂有氯化钙、水玻璃、纯碱、石膏、硫酸钠、红星一号、阳泉 1型、"771"型等。

速凝剂加入的类型、加量多少、水质水温条件、气温条件的不同，凝固时间不同，因此，必须在现场做小样试验来确定才比较可靠。并根据灌注孔深和孔段长短计算灌注时间。

3）水泥堵漏准备工作：

① 查清地层情况，确定水泥浆用量。确定灌浆之前，应首先摸清复杂地层的类型、特点，如破碎程度，孔隙、裂隙或溶隙的大小，延伸范围以及与其他地层的联系，含水情况（水位、渗透系数）及复杂地层的厚度、位置等。要仔细研究坍塌、漏失（涌水）的程度，以便按孔内实际情况确定需要灌注的深度，水泥浆的用量及灌注方法。

② 选用水泥品种，检查水泥质量，确定水泥配方。水泥品种很多，应本着经济、可靠的原则合理选用水泥的品种与标号，并应对选用的水泥进行质量检验。根据灌注要求，在室内做好流动度、初终凝时间的试验，优选水泥配方，以保证理想的可泵期和速凝早强的效果。为确定合理的透孔时间提供依据。

③ 按确定的方法配浆。配浆时，应用淡水，不应混入油类和盐类，以免影响水泥固化后的质量，并应严格按已确定的水灰比和外加剂的用量进行水泥浆的调配工作。

④ 检查灌浆设备。灌注水泥浆之前，应仔细检查灌浆系统的可靠程度，包括动力机、水泵、送浆管、水接头、钻杆、灌注器等的维修与检查，要确保不要在水泥浆灌注过程中发生故障。特别是采用速凝型水泥浆时，更要注意，因为水泥和水后，其物理化学性能随时都在变化，在初凝期之前，其流动性随时间的增长而变坏，直至凝结固化。若操作不慎，往往会出现水泥浆在灌注系统内凝固的严重事故。

⑤ 检查钻孔，清理注浆孔段。注浆前，应先将需要用水泥充填胶结的孔段清理干净。如果在钻孔中间某段灌浆，还要预先做好架桥工作。

⑥ 坚持岗位责任制。注浆是劳累而紧张的工作，一定要坚持岗位责任制，分工明确，各有专责，相互配合，有条不紊地工作，才能避免责任事故。

4）灌注操作过程。堵漏时，钻具下到预定深度距孔底约 0.3～0.5m 左右，先泵入清水检查钻杆内部确实畅通良好时，即可泵入配好的水泥浆。将水泵莲蓬头放入水泥浆桶内即泵送水泥浆。不论是护孔壁或堵漏，刚开泵时应先打开水泵回水管，将吸水管及泵中的清水排出，喷浆后再切换三通将水泥浆送入孔内。待泵吸水泥浆过程完后，立即将莲蓬头放入准备好的替浆水桶中，开泵替浆。替浆时可适当慢转钻具以使孔底返流均匀。

5）泵入替浆水应注意的问题。当孔内水或水位很低时，压水量到达机上钻杆后（约 60～80L）即应停泵，然后拆开机上钻杆，靠钻杆内外液柱压力差，使水泥浆继续沿钻杆内下降，并从钻具底部返出钻杆外，直至钻杆内外压力达到平衡为止。

当水位很高或返水孔，则压水量接近于钻杆内容积加上地面管线容积乘以压水系数，可以保证水不压出钻具底部，这时钻杆外的水泥浆高度比钻具内的水泥浆高度会大一些。当提钻时，会向钻杆内回流或填补孔底空间，水泥浆不会被稀释。

替浆完毕即可提钻，应将钻具提离水泥面 10 ~ 15m 以上（1 ~ 2 全立根）后，再冲洗钻具。提钻速度一定要慢，过快则易发生抽吸作用而使灌注工作失败。

6）堵漏时，坚持冲孔。护壁时，坚持扫孔到底，并保证钻具畅通。

7）全部浆量需一次灌完，不得中途停泵，防止浆液断开或被水稀释。

（9）套管护孔与堵漏。

1）适用条件：

① 在钻孔上部第四纪风化、松散地层，开孔后必须下入孔口套管。

② 对于孔壁不稳定的构造破碎带地层，坍塌、掉块严重，用防坍塌冲洗液护孔效果不佳的情况下，应考虑套管护孔。

③ 对于存在较大裂隙、溶洞等地层，漏失量大，应考虑套管隔离。

④ 绳索取心钻进遇"老洞"及孔径"大肚子"时，易造成钻具折断事故，应考虑下套管。

2）下套管的要求：

① 必须保证套管下到完整坚固的岩石上。

② 下端应用异径导向钻具，并测量井斜情况。

③ 向孔底送入黏土泥球（或沥青泥球）并捣实，其厚度应大于2m，确保套管底封闭止水。

④ 检查套管质量，精确丈量要下入孔内套管长度，并进行编号。

⑤ 准备好下套管用的配套材料，如孔口密封材料，套管外壁涂抹材料等。

⑥ 用长岩心管探明孔径是否畅通无阻。

⑦ 下套管时，必须按事先准备好的套管顺序下入孔内，并逐根做好记录。

⑧ 套管外壁要涂抹黄油或废机油、聚丙烯酰胺。

⑨ 下套管时，必须连接下入，中途不得停顿；如遇阻不能下入时不能硬压或冲击，应转动套管，边转边下，仍无效时应视情况进行处理。

⑩ 孔口套管必须层层密封，套管与套管之间，套管与井壁之间要用麻绳塞牢，并在井口上一层胶皮以防止岩屑进入，孔口套管要用夹板夹紧，以防套管脱扣。

11 绳索取心钻进常见问题及事故预防措施

绳索取心钻进过程中,由于地层条件复杂、工人操作不当、泥浆应用不合理、钻具自身故障等原因,往往出现阻碍钻进顺利进行的事故问题。这些问题,有的是同常规钻进方法相同,有的则是绳索取心钻进技术特有的问题,有的虽然是同普通钻进过程出现类似的事故,但由于绳索取心钻具的特点也具有特殊性。

11.1 钻杆内壁结泥皮问题

绳索取心钻进技术,要求采用无固相泥浆或低固相泥浆,但当地层复杂,被迫采用泥浆钻进时,钻杆内壁结泥皮是绳索取心钻进的主要技术问题。由于钻杆内壁结泥皮,缩小了钻杆内径,直接阻碍打捞器和内管总成在钻杆柱内的升降,造成捞取岩心的失败。根据泥皮形成的部位及泥皮形状来分析,一般泥皮凝结在钻杆柱上部 2~4 个立根的钻杆内壁上,钻杆接头为内加厚时,即先在台阶处凝结。泥皮凝结厚度自上而下逐渐由厚变薄,泥皮中的固相颗粒由粗到细(约 40~70μm),泥皮凝结呈螺旋状,螺旋角与转速大小有关,并且钻杆转速越快,泥浆质量越差,形成泥皮越快越厚。泥皮增厚的危害是内管总成上下不顺畅,增加等待时间;当打捞岩心时,钢丝绳容易拉断;用打捞器投放内管时,由于内管容易遇阻,致使钢丝绳堆积,引起钢绳打结折断;打捞器捞不到捞矛头致打捞岩心失败等。

11.1.1 泥饼形成的原因

钻杆内壁结泥皮的主要原因有以下几个方面的原因:

(1)泥浆中的固相颗粒和岩粉,在钻杆柱高速回转的离心力作用下,被抛向管壁,在离心力的挤压及固相颗粒间的复杂吸附力作用下,使管壁泥浆析水、聚结,形成泥皮。

(2)取心钻杆内径较大,增大了固相颗粒的离心力。

(3)金刚石钻进转速快,离心力大。

(4)金刚石钻进泵量小,泥浆在管柱内流动呈稳定的塞流态,对管壁的冲刷弱。随着钻进时间的延长泥皮越结越厚,直至影响打捞作业。

11.1.2　钻杆结泥皮预防措施

钻杆柱内结泥皮会影响绳索打捞作业，为此，必须采取预防措施。目前，预防钻杆柱内结泥皮主要采取以下技术措施：

（1）采用优质无固相泥浆或低固相泥浆；

（2）做好泥浆净化工作；

（3）适当减小转速；

（4）增大泵量。

上述四项措施中，只有在综合治理结泥皮问题才会同时采用，应用最多的还是以做好泥浆净化工作为主，如何选用优质泥浆以及泥浆与地层条件适应性问题，详见第 10 章。减小转速的目的是降低固相颗粒的离心力，降低颗粒由于离心作用移向钻杆内壁，另一方面可减小内壁固相颗粒间的挤压力，有利颗粒脱附，配合冲洗液量增加，达到冲刷效果。下面主要介绍泥浆净化工作。

11.1.3　泥浆净化

泥浆净化方法，归纳起来主要有以下 4 种技术方法：自然沉降法、机械除砂法、化学除砂法、综合除砂法。

11.1.3.1　自然沉降法

自然沉降法主要是利用固相颗粒的自重，在冲洗液流速变缓或泥浆静止状态下，固相颗粒在自重作用下自然沉降下去，这种方法叫做自然沉降法。最简单的自然沉降方法就是加长泥浆循环槽长度，一般不少于 15m，且循环槽要分段放置 2～3 个隔板；沉淀池（箱）不少于两个，并及时清渣和更换泥浆。

11.1.3.2　机械除砂法

机械除砂主要是采用固液分离设备，如旋流除砂器、旋流除泥器、螺旋离心分离机、离心过滤器等。

（1）旋流除砂器的原理。目前，采用比较多的是旋流式除砂器，一般安装在泥浆沉淀池旁，可根据钻孔口径和冲洗液需要量并联安装 2～3 台除砂器。其结构及除砂原理介绍如图 11-1 所示。

旋流除砂（泥）器的基本原理如图 11-1a 所示。工作时，待分离的浆液以一定的压力和速度从切向进料口进入工作室内，并在工作室内形成强烈的两种同向旋转液流，向下的外旋流和向上的内旋流，这就是所谓的双螺旋模型，如图 11-1b 所示。由于离心沉降作用，较粗（重）的颗粒沿着器壁随外旋流向下移动，由底流口排出，而较细（轻）的颗粒则随向上的内旋流由溢流口排出。在旋流器的轴线附近，由于静压头很低而离心力很大，以致液体涡核不能存在，于是空气沿底流口进入并在轴心处形成一个上升的旋转气流，简称空气柱，则更有利于溢流的溢出。这就像旋风一样，较轻的尘埃沿旋风轴向上可达到很高的高度。在溢流管下端附近，外旋流和内旋流之间产生闭环涡流，而在顶部，由于直接经旋流器盖下表面及溢流管外壁面而进入溢流的部分液流则构成盖下流。用二维迹线表示旋流器内的各种流态如图 11-1c 所示。

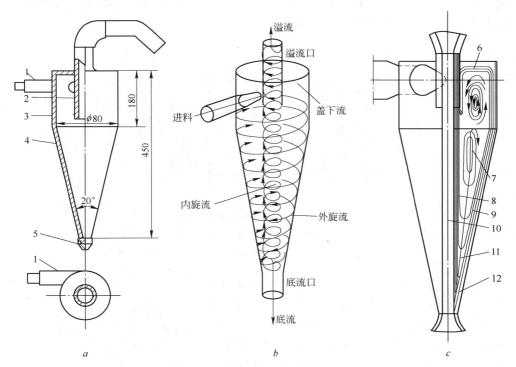

图 11-1　旋流除砂（泥）器原理

a—旋流式除砂器；*b*—双螺旋模型；*c*—二维迹线表示各种流态

1—进浆管；2—溢流管；3—圆筒体；4—锥形体；5—排砂嘴

6—短路流；7—循环流；8—内旋流；9—外旋流；10—空气柱；

11—轴向零速面；12—排出外旋流

　　（2）旋流器的类型。旋流器的类型主要包括除砂器、除泥器、除油器、除气器，虽然用处不同，但结构基本一致。旋流器类型见表 11-1。

表 11-1　旋流器类型

设备	名　称	旋　流　除　砂　器			除泥器	超级除泥器
	规格/mm	300	200	150	100	50
清除固相粒径/μm		46~80	32~64	15~52	10~40	4~10

（3）沉降离心机的类型。

1）螺旋卸料沉降离心机。螺旋卸料沉降离心机是一种连续进料、分离和卸料的离心机，其结构原理如图 11-2 所示。泥浆经加料管进入螺旋内筒后，由内筒的进料孔进入转鼓，沉降到鼓壁的沉渣由螺旋输送至转鼓小端的排渣孔排出。螺旋与转鼓同向回转，但具有一定的转速差，分离液经转鼓大端的溢流孔排出。螺旋卸料沉降离心机有立式和卧式两种。

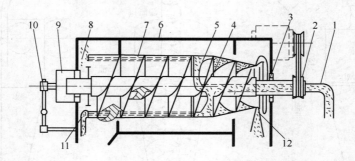

图 11-2　螺旋卸料沉降离心机

1—进料管；2—三角皮带；3—右轴承；4—螺旋输送器；5—进料孔；6—机壳；7—转鼓；
8—左轴承；9—行星差速器；10—过载保护器；11—溢流口；12—排渣口

2）卧式刮刀卸料离心机。卧式刮刀卸料离心机是一种间歇式沉降分离机，其结构原理如图 11-3 所示。泥浆由进料口加到鼓底，分离液经转鼓拦液盖溢流入机壳后，由排液管排出，鼓壁上的沉渣渐增厚，液池的有效容积减小，流体轴向流速增大，分离液澄清度降低，当分离液不符合要求时，停止加料，用机械刮刀卸出沉渣。

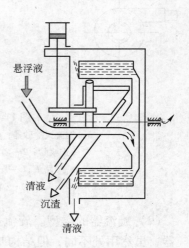

图 11-3　卧式刮刀卸料
沉降离心机

11.1.3.3　化学除砂法

泥浆固相颗粒的大小范围通常是较大的，因此，泥浆液的分散体系实质是悬浮体和胶体的混合体。在处理前通常可认为浆液是相对稳定的分散体系，为了达到固液分离或者创造有利于固液分离的条件，通常要加入一些有机或无机处理剂来破坏它的分散稳定性。

分散稳定性的反面就是凝聚和聚结。这就是说我们要运用已掌握的知识理论，最大限度地使浆液中的固相颗粒脱水而凝聚或聚结，从而达到固液分离的目的。

欲使浆液中的固相颗粒凝聚或聚结,就必须设法克服颗粒间的斥力,只有这样浆液中的小颗粒才会变为粗颗粒,并最终导致絮凝脱水。

由双电层理论可知,颗粒表面带电的大小可以用热力学电位 E,或者滑动面上的电动电位 ζ 的大小来表示。因此,ζ 电位的大小可反映斥力的大小,静电斥力与 ζ^2 成正比。当浆液中加入高价的反离子时会引起双电层压缩,ζ 电位降低,水膜变薄,从而引起凝聚或聚结;也可添加带有极性官能团的有机高分子,通过"桥联"聚结固相颗粒;添加水化能力弱的反离子,以降低水化膜,提高分子间的引力;增大反离子的浓度,提高反离子进入吸附层的机会,降低带电粒子的电性,压缩双电层使浆液中固相微粒聚结;调节浆液的 pH 值,从而控制 H^+ 或 OH^- 的浓度。

A 泥浆处理剂

用于泥浆处理的处理剂主要分为无机处理剂和有机处理剂,其应用的目的就是通过加入处理剂的物理或化学反应,使浆液中微粒相互黏结和聚结。常用的处理剂及分类见表11-2,主要分助凝剂和絮凝剂两种。

胶体颗粒通常粒径小于 $1\mu m$,不停地作布朗运动。布朗运动的能量足以阻止颗粒在重力下沉降,使之长时间保持悬浮状态。助凝过程是通过加入盐类使颗粒间的电斥力发生减少、中和或反向。最常用的助凝剂是无机盐,如硫酸铝、三氯化铁、石灰、氯化钙及氯化镁。

表11-2 化学处理剂分类

分 类			处 理 剂 名 称
无机类	低分子	无机盐类	硫酸铝、硫酸铁、硫酸亚铁、氯化铁、氯化铝、铝酸钠
		碱 类	碳酸钠、氧化钙
		金属电解产物	氢氧化铝、氢氧化铁
	高分子	阳离子型	聚合氯化铝、聚合硫酸铝
		阴离子型	活性硅酸
有机类	表面活性剂	阳离子型	十二烷基胺醋酸、十八烷基胺醋酸、松香胺醋酸、烷基三甲级氯化铵
		阴离子型	十二烷基苯磺酸钠、月桂酸钠、硬脂酸钠、油酸钠、松香酸钠
		非离子型	醚 类
	低聚合度高分子	阴离子型	藻沅酸钠、钠羧甲基纤维素
		阳离子型	水溶性苯胺树脂盐酸盐、聚乙烯亚铵
		非离子型	淀粉、水溶性尿醛树脂
		两性型	动物胶、蛋白质
	高聚合度高分子	阴离子型	聚丙酸钠、水解聚丙酰胺、磺化聚丙酰胺
		阳离子型	聚乙烯吡啶盐、乙烯吡啶盐共聚物
		非离子型	聚丙酰胺、氯化聚乙烯

絮凝作用是聚合物在单独颗粒间发生吸附与桥联的过程，促进颗粒的聚集。絮凝剂的活性基团带的电荷与颗粒的电荷发生抵消。絮凝剂吸附在颗粒上，通过架桥或电中和使颗粒失去分散稳定性。

阴离子型絮凝剂通常与带阳电荷的悬浮液（正电动电位）起作用，例如某些盐类与金属氢氧化物悬浮液。

阳离子型絮凝剂通常与带阴电的悬浮液（负电动电位）起作用，如与二氧化硅或有机物悬浮液起作用。

但这一规则也不尽然，如阴离子型絮凝剂可以使黏土聚集，而黏土是带负电的。

无机处理剂通常作为凝聚剂，有机处理剂通常作为絮凝剂。

B　化学除砂过程

化学处理流程包括投药、混合反应及沉淀分离几个部分，其示意流程如图11-4所示。

图 11-4　混凝沉淀示意流程

混合阶段的作用是将药剂迅速、均匀地分配到泥浆中的各个部分，以压缩浆液中的胶体颗粒的双电层，降低或消除胶粒的稳定性，使这些微粒能互相聚集成较大微粒，混合阶段需要剧烈短促的搅拌作用，时间要短，以获得瞬时混合时效果为最好。反应阶段的作用是促使失去稳定的胶体粒子碰撞吸附、黏着、架桥等作用而增大，此过程可伴有缓慢搅拌。经过投药、搅拌、反应，生成絮凝体后，进入沉淀池沉淀，使生成的絮凝体沉淀与浆液分离，最终达到净化泥浆的目的。

表 11-2 处理剂功能简介见附录。

11.1.3.4　综合除砂法

综合除砂就是将化学除砂法、机械除砂法及重力沉降除砂法结合应用，以期达到快速除砂的目的。

11.1.4　泥皮清除方法

绳索取心钻进，以预防钻杆结泥皮为主，但由于地层原因或由于被迫在冲洗液中添加黏土材料的原因，导致钻杆内结泥皮，必须采取有效方法清除泥皮，以便保证施工的顺利进行。

当钻杆柱内壁结泥皮时，除更换结泥皮的立根外，可采用化学溶解法，美国长年公司曾介绍将 0.65kg 有机聚合物（Quik – Trol）加入在 3.8L 柴油中，配制成 76L 溶液，注入结泥皮的钻杆内壁中，可迅速溶解泥皮，另外，也可以采用高压水清洗（清水中加入适量的碱）的方法。

11.2 孔斜的问题

11.2.1 孔斜的原因

在岩心钻探中，造成孔斜的因素很多，从地质角度来看，主要与地层不均质的程度、软硬互层、岩石的各向异性、钻孔与岩层的遇层角、孔内出现大的洞穴等有关；从钻进工艺方面来看，主要与粗径钻具和孔壁环状间隙的大小、粗径钻具刚性、规程参数的大小等因素有关。

当遇层角小于 15°~25°，钻孔容易产生"顺层蹓"式孔斜；当遇层角大于 30°时容易发生"顶层进"式孔斜；转速过大，离心力增大，孔壁间隙容易增大，由于绳索取心钻头唇部面积大，钻进时需较大的轴向压力，但是由于钻杆壁薄，刚性小，在轴向压力下易产生弯曲，因此增加了钻孔的弯曲度。

11.2.2 孔斜的预防

钻孔弯曲一般要满足三个条件，即存在孔壁间隙、钻具倾斜方向稳定、具有倾倒力矩，只要消除掉这三个条件的任何一个都会有效预防孔斜。

为了防止钻孔弯曲，应采取以下技术措施：

（1）适当增加金刚石钻头胎体高度，增加钻头在孔底运动的稳定性；选用导向性好的钻头唇面形式，如内锥形、内外锥形、阶梯形等；采用组合式防斜扩孔器和稳定器，保持钻具在孔底运动的稳定性。钻具工作平稳可有效减小扩径系数，减小孔壁间隙，消除产生钻孔弯曲的第一个条件。

（2）使用表镶金刚石钻头或软胎体的孕镶钻头，并保持钻头锐利，以减小钻压。钻压降低可减小钻杆弯曲度，减小钻头上的倾倒力矩，达到防斜的目的。

（3）在孔底钻具上，增加扩孔器或稳定器的数量，由于外管总成上扩孔器和稳定器数量多，它可以有效地防止钻头和扩孔器的偏斜，达到"以满保直"防止钻孔弯曲的目的。

（4）钻具口径越大，刚性越强，防斜效果越好，如直径 75mm 的钻具比直径 46mm 和直径 59mm 钻具防斜性能好。所以，钻进易斜地层时应采用较大口径的钻具，达到"以刚保直"的目的。

（5）钻进易斜地层时，采用合理的规程参数，如严格控制钻头压力，采用推荐钻压的下限；适当降低转速，适当减小冲洗液量等。

（6）采用绳索取心冲击回转钻具，充分利用冲击载荷可有效地减小钻头上的"钻速差"和静压力小的钻进特点防斜。

（7）极易孔斜地层，可采用绳索取心冲击回转钻进技术，如效果不好，可被迫停止绳索取心钻进，采用普通的冲击回转钻进法或改用钻铤加压，实行"吊打"减压钻进，以防钻孔倾斜。

11.3　烧钻事故问题

由于绳索取心钻具内外管总成比普通双管结构复杂，而且有些零部件经过了热处理，一旦发生烧钻事故不仅难以处理，而且处理烧钻事故，将对钻杆造成严重损伤，因此，绳索取心钻进必须杜绝烧钻事故。

11.3.1　烧钻事故原因

金刚石钻进的碎岩过程是磨削碎岩过程，单位时间内发热量大，再加上金刚石绳索取心钻头唇面壁厚，碎岩面积大，钻进时产生的岩粉多，因此必须使冲洗液充分冷却钻头，及时排除岩粉，否则将容易造成烧钻事故。究其原因主要有以下几个方面：

（1）水泵故障供水不足或断水近 2min 没有及时发现；

（2）吸水管被堵塞；

（3）水源池液面下降吸水莲蓬头露出水面；

（4）某段钻杆接头漏失造成孔底供水不足或完全漏失形成假循环；

（5）扫孔或换层（由硬变软）钻速过快，来不及排粉钻头被堵死；

（6）钻头工作状态超过临界规程参数。

11.3.2　烧钻事故预防

烧钻事故预防措施如下：

（1）根据钻头壁厚岩粉不易排出的特点，需要设计合理的水路，水口最好选择右旋方向的水口。

（2）水泵性能可靠，并配备灵敏可靠的泵压表，保证孔内冲洗液的供给量，并注意观察泵压表的压力变化。

（3）钻杆柱、外管总成螺纹连接处使用丝扣油，防止冲洗液中途泄漏。

（4）根据钻进地层性质，控制合理的钻进时效。

（5）钻进过程中发生岩心堵塞，立即捞取岩心。

（6）每次提钻注意检查钻头内外水槽及底唇面水口的磨损情况，钻头水路不符合要求的要修整或更换。

（7）合理控制钻压和转速，避免采用超临界规程钻进。

11.3.3 烧钻事故处理

烧钻事故处理措施如下：

（1）烧钻事故发生时，不应急于关车，尽可能利用油压系统或升降机将钻具顶高或提离孔底后再关车，这样能使烧的程度减轻。

（2）烧钻事故阻力很大，往往用拉、打、顶的方法处理排除的可能性很小，一般需要采用反或炸的方法取出孔内事故钻具，然后用透或扩、割、磨的方法处理。

11.4 断钻杆问题

11.4.1 断钻杆原因

由于绳索取心钻具的特点是钻头壁厚，而钻杆壁薄，使用不当常常产生断钻杆事故。断钻杆的原因既有地层原因，应用工艺上的原因，也有钻杆材质及加工精度方面的原因。概括起来主要有以下几方面：

（1）工作状态非常复杂。钻杆柱在孔内通常承受的应力状态有拉、压、弯、扭的复杂应力状态，常常由于各种交变应力作用导致疲劳折断。

（2）钻杆壁薄强度低，当遇到强拉或强扭状态时，容易超负荷断钻。

（3）钻头壁厚客观上需要钻压增大。

（4）孔壁间隙小，钻杆易磨损，特别是发生钻孔弯曲时更为严重。

（5）地层扩径严重或遇到较大溶洞引起的钻杆弯曲扰度过大。

（6）泥浆润滑性能差。

（7）加工精度不符合设计要求。

（8）钻杆材质屈服强度低。

（9）热处理工艺不合要求。

11.4.2 断钻杆事故预防

由于钻杆是处于一种极其复杂及繁重的状态下进行工作的，为了防止钻杆折断，必须注意以下预防措施：

（1）购买符合绳索取心钻杆标准要求的钻杆，除了购买正规厂家生产的产品外，勿忘抽查检验，严把采购环节。

（2）注意绳索取心钻杆适用孔深的条件，杜绝将中深孔钻杆用于深孔施工。

（3）使用过程中要注意钻杆排队使用，同批次钻杆要注意倒换次序下井，尽量不新旧钻杆混用。

（4）加强泥浆润滑的作用。

（5）加接钻杆时需要涂抹丝扣油。

（6）正确控制钻头压力。

（7）钻进冲积层，颗粒不均有裂缝岩层应适当降低转数和压力。

（8）注意保持孔径均匀，防止钻孔超径。

（9）孔内岩粉过多，或因其他原因致使孔内阻力过大时，不得猛然开车。

（10）发生卡钻时不应用升降机强力起拔，用千斤顶顶拔时应力求缓慢均匀，同时应注意上顶与下放交错进行。

11.4.3　断钻杆事故处理

绳索取心钻杆发生折断事故后，应准确计算断钻杆孔深位置，并确定端口形貌。由于钻杆和孔壁间隙比较小，因而，发生断钻事故后，常常采用公锥打捞，其次是采用内卡的方式。钻杆公锥一般有两种形式：一种是正丝扣公锥，一种是反丝扣公锥。正丝扣公锥是用来打捞落入孔内的全部钻杆柱，很显然只有在钻杆柱没有被卡或被卡程度不严重的情况下，才能打捞成功；反丝扣公锥是用来分段反回捞取断落的钻杆。公锥是用优质钢材制成，丝扣型牙齿部分经过"渗炭"热处理，以便具有足够的硬度和耐磨性，当与断落钻杆咬合时，能顺利的套出丝扣来，使两者牢固接合在一起以便一齐提取上来。

当钻杆折断被塌落物掩埋时，应先用钻头将碎物清除后，再用公锥捞取。

11.5　打捞器捕捞不住内管总成

使用打捞器捞取内管总成时，根据绳索取心绞车卷筒上钢丝绳的标记，确认打捞器已到达内管总成上端，可是打捞器不能把内管总成捞取上来，出现这种情况，可能有以下原因：

（1）发生跑钻，钻杆对接之前，孔壁的岩石碎块或其他杂物落到内管总成上端，卡在捞矛头处。

（2）冲洗液中岩粉较多，停钻后又未及时打捞，沉淀岩粉覆盖住捞矛头。

（3）钻杆内不清洁，钻杆连接后，落入捞矛头部位。

（4）内管总成的捞矛头损坏，打捞器钩挂不住。

（5）打捞器捞钩损坏或其尾部弹簧断裂，使打捞器失效。

遇到这种情况，上下提放打捞器，反复捞取几次，如不见效，则可把打捞器提升上来进行检查，若打捞器完好无损，则应提钻处理。

11.6　打捞器捕捞住内管总成后提拉不动

打捞器到达内管总成上端，而且捕捞住内管总成，但提拉不动，则多数是由以下原因所致：

（1）因岩心堵塞或卡簧座倒扣，使内管总成在钻头内台阶和弹卡挡头之间顶死，弹卡不能收拢。

（2）因地层原因，提断的岩心下端呈蘑菇头状，卡在钻头底部如图 11-5 所示，使得内管总成提拉不动。

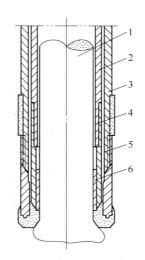

图 11-5　岩心根部呈蘑菇头状

1—岩心；2—内管；3—扩孔器；4—卡簧座；5—钻头；6—卡簧

（3）由于轴承损坏，滚珠落入内外管间隙中被卡死。

（4）弹卡的弹性轴销脱出，卡住回收管不能上移。

（5）卡簧座下端和内管的螺纹部分因岩心堵塞后未及时打捞并盲目加压而变形，使其通不过外管总成中的座环。

（6）弹卡挡头的拨叉折断，内管总成被卡。

（7）悬挂环和座环严重磨损，拔断岩心时，悬挂环卡死在座环中。

出现上述情况，应使用安全脱卡机构使打捞器与内管总成脱开，把打捞器提升上来。根据所钻地层情况，认为有可能是因岩心蘑菇头造成的，则将钻具放到孔底，开始研磨片刻，再下放打捞器试捞，如仍无效，则需提钻处理。

11.7　打捞途中遇阻而提拉不上来

如果打捞器已把内管总成提离孔底，而在提升过程中突然遇阻，提拉不动，一般是由以下原因所致：

（1）钻杆螺纹发生变形，如公扣收口，使内管总成的悬挂环不能通过。

（2）钻杆或内管严重弯曲，使内管总成卡死在钻杆柱内。

（3）钻杆脱扣或断裂，把内管总成卡在断口处。

（4）泥浆钻进时，因泥浆质量低劣，含砂量多，钻杆内壁结泥皮，使内管总成无法通过。

此时，应先使用安全脱卡机构，把打捞器提升上来，然后提钻检查并更换不合技术要求的钻杆或内管。

11.8　打捞出的内管缺装岩心或无岩心

打捞出内管总成以后，首先应检查岩心采取情况，若岩心采取率很低或无岩心，切勿投放另一套内管总成，而应分析原因，采取措施。

（1）岩心直径与卡簧内径配合不当，岩心直径过小，使得卡簧卡不住或卡不紧，造成没有拔断岩心或岩心在打捞途中脱落。属于此种原因的，在继续钻进前必须捞取岩心。

（2）弹卡或弹卡挡头被严重磨损，失去定位作用，钻进时内管总成向上窜动，形成"单管"钻进，此时除了必须捞心外，及时更换弹卡定位机构，或更换弹卡挡头。

（3）由于钻杆柱内卡有脱落岩心或结泥皮过厚、钻杆柱严重弯曲、螺纹部分变形等原因，使内管总成卡在钻杆柱内而没有到达外管总成中的预定位置，此时需要提钻检查处理。

（4）投入钻杆柱中的内管总成还未到达预定位置就开始扫孔钻进，导致岩心过早地进入钻头，使内管总成没有到位而形成"单管"钻进。

（5）孔底残留岩心破碎、堆积，内管不能到位造成"单管"钻进。判断有这种可能情况下，钻进前应将钻具提离孔底一定高度，然后慢慢扫孔，确定钻具到位后再正常钻进。

每当出现上述问题，必须根据现场情况作出正确判断。若岩心采取率很低，首先应检查卡簧与岩心直径的配合，并更换不合适的卡簧，同时，在钻具提离孔底的情况下，开钻晃动钻具，并开泵送入大泵量的冲洗液，以免打捞途中脱落的岩心碎块卡在钻头内，然后把内管总成投放下去，确认内管总成到达预定位置后，再开动钻机，以低压慢转套扫岩心。如果回次进尺较长但内管中无岩心，则必须提钻处理，不能继续投放内管总成，否则，不但会降低岩矿心采取率，还可能因内管总成不到位而形成"单管"钻进。

11.9　埋钻事故的处理

埋钻事故多发生在松、散、软地层，或使用冲洗液不当引起塌孔而造成埋钻事故。

发生埋钻事故不论埋的程度如何，开始处理时都应采用强行开泵冲孔，保持冲洗液循环，如果是由泥浆变质引起的埋钻，应及时调整泥浆性能。经过强行开泵冲孔处理无效，冲洗液不能恢复循环时，可采用顶、反、劈、割、透或扩的方法往下处理。

12　绳索取心钻探技术的发展与展望

绳索取心钻进技术发展至今，技术日臻成熟，特别是经过许多部门的大量艰苦细致工作，发展很快，取得了良好的技术经济指标，大大提高了我国钻探技术水平，充分显示了这项新技术的优越性，同时，也积累了相当丰富的宝贵经验，这为进一步推广使用这项技术奠定了有利基础。随着科技的发展，该项技术必将在此基础上得到更大的发展和提高，其发展方向主要有以下几个方面。

（1）不断完善与改进绳索取心钻具结构，增加钻具规格品种。

1）我国目前研制的几种不同形式的绳索取心钻具，虽然可以满足绳索取心钻进工艺的基本要求，但其结构性能还需在实践中不断改进和完善，如打捞机构部分增加铰链机构，进一步提高到位报信机构和岩心堵塞报信机构的灵敏性和可靠性等，特别是与随钻测量相结合增加钻具的智能性。

2）使绳索取心钻具向着多用途、互换的方向发展，以满足不同地层和不同施工条件的需要。

① 将内管换上带有半合管的岩心容纳管，以钻取松软岩层。

② 将内管换上薄壁压入式取样管或在内管下部连接专门超前压入式取样管。这两种取样管都用以采取很松散的非胶结砂土层。

③ 将原来的内管总成更换为无岩心钻进内管总成，在不需要取心的地层实现无岩心钻进，以大幅度提高钻进效率。

④ 在原内管部位安入作孔内渗透性试验的止水元件，无需专门升降钻杆柱即可作渗透性试验。

⑤ 利用钻杆柱内平的优点，下入某些测井仪器，如密度测井、放射性测井、电测井及测斜仪、井温仪等。

（2）加强绳索取心钻头的试验研究，发展孔底换钻头技术。

1）发展长寿命人造金刚石绳索取心钻头，降低钻探成本。

2）因绳索取心钻头唇面壁厚，钻进坚硬岩石时，钻进效率低而且造成钻头过早磨损。为了使绳索取心在钻进硬岩时获得较好的技术经济效果，应结合岩石破碎原理设计破扩结合的钻头。

3）绳索取心用于钻进坚硬（X～XII级）、破碎岩石时，由于金刚石钻头磨损较快，不得不频繁提钻换钻头，占用大量时间，增加了钻进成本。所以，发展绳索取心钻进技术的远景之一是研制孔内可更换的金刚石钻头，实现不提升钻杆柱而在孔底更换钻头。

（3）进一步提高绳索取心钻杆的强度和耐磨性，增加钻深能力。

1）加强绳索取心焊接钻杆的研究。

2）努力提高钻杆的机加工水平。

3）研制适合深孔和破碎地层钻进的加强钻杆。

（4）努力实现绳索取心钻进附属设备液压化。

（5）完善绳索取心冲击回转钻具。

（6）加强绳索取心钻进工艺的研究主要包括以下几个方面：

1）确定合理的提钻时间（即换钻头时间）。

2）探讨最合理的孔深（浅孔）应用范围。

3）加强防斜措施的研究。

4）选择合理的环空间隙。

5）研究钻杆柱内结泥皮的机理及清除方法。

（7）继续不断扩大绳索取心钻进应用范围。

绳索取心钻进除了用于地质矿产钻探，工程地质钻探、水文地质钻探、坑道内岩心钻探、冻土层钻探外，应向滨海和海底钻探、环境科学钻探、极地钻探方向扩展。

参 考 文 献

[1] 张春波，等. 金刚石绳索取心钻进技术［M］. 北京：地质出版社，1985，12.

[2] 耿瑞伦. 绳索取心钻探现状及其发展［J］. 西部探矿工程，1992，9：1～3.

[3] 张春波，刘峰. 中国绳索取心钻探技术现状及展望［J］. 探矿工程，1996，4.

[4] 刘广志. 金刚石钻探手册［M］. 北京：地质出版社，1991：148～175.

[5] 中国煤田地质总局. 煤田钻探工程（第五分册）——钻井液［M］. 北京：煤炭工业出版社，1994.

[6] 孙建华，等. 深孔绳索取心钻探技术现状及研发工作思路［J］. 地质装备，2011（6）：11～14.

[7] 朱何文. 浅谈绳索取心技术在岩土钻探施工中的应用［J］. 中国新技术新产品，2011（14）：96.

[8] 向震泽. TK－60S 绳索取心冲击回转新钻具简介［J］. 地质与勘探，1985（3）：58～61.

[9] 黄洪春，王玺，郑毅. 煤层气绳索取心技术研究与应用［J］. 钻采工艺，2001（5）：80～83.

[10] 刘峰，童品正. S91 绳索取心钻具及其附属工具设备的研制［J］. 探矿工程，1987（4）：11～13.

[11] 黄洪春. 煤层气井取煤心技术探讨［J］. 石油钻采工艺，1998（3）：29～31.

[12] 王以顺，王彦祺，匡立新，印中华. φ152.4mm 煤层气绳索取心工具的研制与应用［J］. 石油机械，2011（39）：31～33.

[13] 郭威，孙友宏. 天然气水合物孔底冷冻取样方法的室内试验研究［J］. 探矿工程，2009（5）：1～6.

[14] 苏继军，殷琨，郭同彤. 提高钻杆接头螺纹强度的有效方法研究［J］. 探矿工程，2005（8）：40～42.

[15] 巨西民，莫润阳. 钻杆接头螺纹部位疲劳裂纹的超声波检测［J］. 西安石油学院学报，2000，15（5）：64～67.

[16] 王继新. 直径 67mm 内丝钻杆及接头螺纹断裂分析及改进［J］. 探矿工程，1995，（4）：40～41.

[17] 李世忠. 钻探工艺学（上册）［M］. 北京：地质出版社，1992：62～125.

[18] 魏欢欢，殷新胜. 近水平孔坑道用绳索取心钻具［J］. 煤田地质与勘探，2011（3）：74～76，80.

[19] 李国民，刘宝林，李国萍. 绳索侧壁补心技术［J］. 探矿工程，2009（增刊）：85～86，99.

[20] 向军文，向昆明，张新刚等. 绳索定向造斜及取心技术应用［J］. 探矿工程，2009（8）：21～23.

[21] 史连君，译. CCK－46Г 型水平钻进用绳索取心钻具［J］. 国外地质勘探技术，1993（6）：37～40.

[22] 雷少全，游碧松. φ53/φ35 小口径连续取心钻具的研制与试验［J］. 地质与勘探，1993（2）：55～59.

[23] 杨泽英，冯绍辉，苏长寿，等. 绳索取心液动锤的研究与应用［A］. 第十六届探矿工

程（岩土钻掘工程）技术学术交流年会论文集［C］. 北京：地质出版社，2011：116~121.

［24］常兴浩，宋凯. MS-φ215绳索取心钻具在煤层气井中的应用［J］. 煤田地质与勘探，1996（5）：61~62.

［25］许华松，覃强华，熊海书. JD直连式深孔绳索取心钻杆的研制与应用［J］. 探矿工程，2008（10）：33~35.

［26］任攀攀，林修阔，陈晓琳，张新刚. DQ-76型连续造斜绳索取心钻具的研制及应用［J］. 地质与勘探，2010（2）：338~341.

［27］叶兰肃，南青民. 孕镶金刚石绳索取心钻头的研制与应用［J］. 地质装备，2010（4）：14~17.

［28］陈金照. 依靠科技进步，不断完善绳索取心钻进工艺［J］. 中国煤田地质，2007（增刊）：50~53.

［29］康红，等. 绳索取心钻进工艺技术在煤田勘探中的推广与应用. 福建煤田地质局，2002，12.

［30］常江华，凡东，等. 水平孔绳索取心钻进技术在金矿坑道勘探中的应用［J］. 探矿工程，2012（1）：40~43.

［31］王年友，谢文卫，等. 绳索取心钻探技术的新发展-三合一组合钻具［J］. 探矿工程，2007（9）：70~74.

［32］苏长寿. 新型绳索取心液动锤钻具研制成功［EB/OL］. http：//www. cniet. com/snyw-070327-1. htm.

［33］王政敏，陈方. 绳索取心钻具的拓展钻具研发［J］. 矿床地质，2008（增刊）：139~141.

［34］廖国平，刘国经，李胜达，谢龙诚，高红. 绳索取心冲击回转钻具组合设计及应用试验［J］. 探矿工程，2011（4）：31~35.

［35］王建华. 绳索取心冲击回转钻具在煤田硬岩地层钻进中的应用［J］. 地质装备，2009（1）：18~19.

［36］叶兰肃，罗伟. 绳索夹持器的研制与应用［J］. 地质装备，2009（6）：16~17.

［37］孙建华，张永勤，赵海涛，等. 复杂地层中深孔绳索取心钻探技术研究［J］. 探矿工程（岩土钻掘工程），2006，33（5）：46~50.

［38］王禹，刘波，高洪志. 油页岩地层绳索取心钻探冲洗液技术探讨［J］. 探矿工程（岩土钻掘工程），2007，34（10）：32~34.

［39］张伟. 取心钻进的技术经济学研究［D］. 武汉：中国地质大学（武汉），2006，71.

［40］刘广志. 天然气水合物开发现状和商业化的技术关键［J］. 探矿工程（岩土钻掘工程），2003（2）：8~9.

［41］汤凤林，张时忠，蒋国盛. 天然气水合物钻探取样技术介绍［J］. 地质科技情报，2002（2）：97~99.

［42］补家武，鄢泰宁，等. SSZ-1型双管双簧海底振动取心钻具［J］. 探矿工程，2001（1）：19~20.

［43］蒋国盛，王荣璟，等. 天然气水合物的钻进过程控制和取样技术［J］. 探矿工程，2001（3）：33~35.

［44］王志雄，高平. 海底地质勘查现代技术方法的应用现状及发展趋势［J］. 海洋地质与第四纪地质，2002，22（2）：109~114.

[45] K venvolden K A, Barnard L. A, Cameron D H. Pressure core barrel: application to the study of gas hydrates, deep sea drilling project site 533, leg76 [R]. Washington: U S Government Printing Office, 1983.

[46] D'Hond t S L, Jorgensen B B, Miller D J, et al. Proceedings of the ocean drilling program [R]. Galveston: Texas A&M University, 2003.

[47] Gerald R D, Derryls, Kaiuwe H, et al. The pressure core sampler (PCS) on ODP Leg 201: general operations and gas release [R]. Texas: Texas A&M University, the National Science Foundation and Joint Oceanographic Institutions, INC, 2003.

[48] Abegg F, Hohnberg H J, Pape T, et al. Development and application of pressure-core-sampling systems for the investigation of gas-and gas-hydrate – bearing sediments [J]. Deep Sea Research Part I: Oceanographic Research Papers, 2008, 55 (11): 1590~1599.

[49] Rothfuss M. Retrieval of cores from marine gas hydrates under in situ conditions with HYACE rotary core: proceedings of the DGMK Spring Conference [C]. Celle, Germany, April 29 – 30, 2003.

[50] 郭绍什. 钻探手册 [M]. 武汉: 中国地质大学出版社, 1993: 71~96.

[51] 《钻探管材手册》编写组. 地质、水文、石油钻探管材手册 [M]. 北京: 地质出版社, 1975: 87~90.

[52] 白玉湖, 李清平. 天然气水合物取样技术及装置进展 [J]. 石油钻探技术, 2010 (11): 116~122.

[53] 赵建国. 天然气水合物孔底冷冻绳索取心钻具的设计与室内冷冻试验的研究 [D]. 北京: 中国地质大学 (北京), 2010: 52.

附　　录

附表　常用钻井液处理剂及用途

代　号	名　　称	主　要　用　途
KH$_m$	腐植酸钾	稀释、防塌
NaH$_m$	腐植酸钠	稀释、降失水
NKH$_m$	硝基腐植酸钾	稀释、防塌、降失水
NNaH$_m$	硝基腐植酸钠	稀释、改善流型
KTN	单宁酸钾	稀释、防塌、改变流型
NaTN	单宁酸钠	稀释、改善流型
NaK	栲胶碱液	稀释、防塌
FCLS	铁铬木质素磺酸盐	稀释、降失水、抗温、抗钙
BFLH	硼铁木质素腐植酸盐	稀释、防塌、降失水
NaC	煤碱剂	稀释、降失水
FKH$_m$	铁钾腐植酸	稀释、防塌、改善流型
SMC	磺化煤	降失水、防塌
NFKH$_m$	硝基铁钾腐植酸	降失水、防塌
NSH$_m$	硝基磺化腐植酸	降失水、防塌、改善流型
SMK	磺化栲胶	降失水、防塌
FSK	改性磺化栲胶	降失水、增黏、防塌
SMT	磺化单宁	降失水、防塌、改善流型
SMP	磺化酚醛树脂	降失水、增黏
SMC	磺钾基腐植酸	降失水、增黏
Cr—SMC	磺钾基褐煤铬	降失水、防塌、抗温
CrH$_m$	铬腐植酸	降失水、抗温
PAA	聚丙烯酰钠	降失水、抗温
HPAN	水解聚丙烯腈	降失水、增黏
C—PAN	水解聚丙烯腈钙盐	降失水、抗钙
CPA	聚丙烯酸钙	降失水、增黏、抗钙、抗温
S—PAM	磺化聚丙烯酸胺	降失水、增黏、絮凝
KPAN	水解聚丙烯腈钾盐	降失水、防塌、增黏
PAC$_{141}$	复合离子型聚丙烯酸盐	降失水、絮凝

代　号	名　称	主　要　用　途
80A$_{51}$	丙烯酸盐共聚物	降失水、防塌、絮凝
CSA	聚阴离子纤维素	降失水、增黏
XC	生物聚合物	降失水、增黏
SK	磺化聚乙烯	降失水、增黏
CMC	羧甲基纤维素	降失水、增黏
CMC(H)	高黏度羧甲基纤维素	降失水、增黏
CMC(M)	中黏度羧甲基纤维素	降失水、增黏
CMC(L)	低黏度羧甲基纤维素	降失水、增黏
K—CMC	羧甲基纤维素钾盐	降失水、增黏、防塌
Na—CMC	羧甲基纤维素钠盐	降失水、增黏
GSP	广谱护壁剂	降失水、增黏、防塌
MCMS	羧甲基淀粉	降失水、增黏、抗盐侵
MPGS	预胶化淀粉	降失水、增黏、抗盐侵
MHES	羟乙基淀粉	降失水、增黏、抗盐侵
PAM	聚丙烯酰胺	絮凝
PHP（或 HPAM）	部分水解聚丙烯酰胺	选择性絮凝
PAN—HAK	高吸水性树脂	堵漏
HA—801	氧化堵漏剂	堵漏
191	树脂	堵漏
DF—1	单向压力封闭剂	堵漏
SM—1	石棉纤维素	堵漏、护壁、携砂
HN—1	石棉携砂剂	堵漏、护壁、携砂
KP	KHm、CMC、PHP 共聚物	增黏、防塌、絮凝
AR—1	含水层保护剂	护壁
FT—1	页岩抑制剂	护壁、防塌、抑制岩屑分散
NDL—3	消泡润滑剂	润滑减阻
DLSAS	磺化沥青	减摩降阻、防塌
LASTEX	液体磺化沥青	润滑减阻
STOP	磺化妥尔油沥青	润滑减阻
NDL—1	高效润滑剂	润滑减阻

续附表

代　号	名　称	主　要　用　途
RH—2	润滑剂	润滑减阻
YZ—84	润滑剂	润滑减阻
ASTEX	日本产磺化沥青	润滑、防塌、改善泥皮质量
XH—3	消泡润滑灵	润滑减阻、消泡
ML	润滑剂	润滑减阻
KZF$_{123}$	发泡剂	配泡沫钻井液用
ABS	烷基苯磺酸钠	配泡沫钻井液用
AS	烷基磺酸盐	发泡、乳化
NNO	烷基萘磺酸钠	扩散剂、水泥减水剂
SXY	抗高温水泥减阻剂	抗温、改善流动度
NV—1	人工钠土	配浆、改性膨润土
Ca—GIJ	钙膨润土	未改性膨润土
Glo—GH	海泡土	配浆
TG	田菁胶	配浆
MY—1	魔芋胶	配浆
LA	植物胶	配浆
NaCS	钠纤维素硫酸脂	抗盐、抗钙、抗高温
BD—BAR	重晶石粉	加重泥浆、压涌
API	美国石油学会	
OCMA	欧洲石油公司材料协会	
NaOH	氢氧化钠（火碱）	分散剂、提高 pH 值、除钙
KOH	氢氧化钾	提高 pH 值，对泥、页岩起抑制作用
Ca(OH)$_2$	氢氧化钙（熟石灰）	配钙处理泥浆，对泥、页岩起抑制作用
Na$_2$CO$_3$	碳酸钠（纯碱）	软化水质、分散剂、对钙土改性
NaHCO$_3$	碳酸氢钠（小苏打）	软化水质、分散剂
NaCl	氯化钠（食盐）	配盐水泥浆、快干剂
CaCl$_2$	氯化钙	配高钙泥浆、速凝剂
KCl	氯化钾	对泥页岩起抑制作用
FeCl$_3$·6H$_2$O	三氯化铁	絮凝剂、交联剂
Na$_2$SO$_4$·10H$_2$O	硫酸钠（芒硝）	除钙、絮凝，提高黏度、切力

代　号	名　称	主　要　用　途
$CaSO_4 \cdot 2H_2O$	硫酸钙	配制钙质泥浆
$Al_2(SO_4)_3$	硫酸铝	交联剂、除泥皮剂
$(NaPO_3)_6$	六偏磷酸钠	络合除钙、稀释
$Na_5P_3O_{10}$（无水物） $Na_5P_3O_{10} \cdot 6H_2O$（六水物）	三聚磷酸钠	除钙、稀释
$Na_6P_4O_{13}$	四聚磷酸钠	除钙、稀释
$Na_2Cr_2O_7 \cdot 2H_2O$	重铬酸钠（红矾钠）	氧化作用，生成 Cr^{3+}
$K_2Cr_2O_7$	重铬酸钾（红矾钾）	氧化作用，有抑制作用
$Na_2B_4O_7 \cdot 10H_2O$	硼酸钠（硼砂）	配无黏土钻井液，使有机物交联聚合
$Na_2O \cdot MSiO_3$（Na_2SiO_3）	硅酸钠（水玻璃）	配制无黏土钻井液，对泥页岩有抑制作用，胶冻堵漏

冶金工业出版社部分图书推荐

书　名	作　者	定价(元)
地质灾害治理工程设计	门玉明	65.00
工程地质学	张　荫	32.00
土力学与基础工程	冯志焱	28.00
基坑支护工程	孔德森	32.00
岩土工程测试技术	沈　扬	33.00
土力学	缪林昌	25.00
岩石力学	杨建中	26.00
建筑工程经济与项目管理	李慧民	28.00
土木工程施工组织	蒋红妍	26.00
碎矿与磨矿技术问答	肖庆飞	29.00
滑坡演化的地质过程分析及其应用	王延涛	23.00
地质学（第4版）	徐九华	40.00
环境地质学（第2版）	陈余道	28.00